IA GENERATIVA PARA PRINCIPIANTES: UNA GUÍA SENCILLA

Domina los fundamentos y aprende a utilizar la inteligencia artificial para crear contenido, automatizar tu trabajo y lograr más en menos tiempo

MODERNMIND PUBLICATIONS

(2.ª ed.)

Introducción

¿Y si pudieras escribir todas las publicaciones de la semana para tus redes sociales en solo 30 minutos y, además, disfrutarlo de verdad? ¿Y si pudieras analizar los comentarios de los clientes, detectar patrones y elaborar respuestas personalizadas, sin tener que contratar a nadie más?

En este momento, alguien como tú está utilizando herramientas de IA generativa para hacer las cosas más rápido, automatizar los correos electrónicos de los clientes y generar contenido de marketing. La IA pone a tu alcance herramientas potentes que antes solo podían usar las grandes empresas. Los nuevos creadores están formando audiencias más rápido que los influencers consolidados que prefieren no involucrarse con la IA. Los creadores establecidos que sí la utilizan están dejando atrás a sus competidores. La cuestión no es si la IA va a cambiar las cosas, sino si decidirás aprovechar ese cambio o esperarás hasta darte cuenta de que solo unos pocos se han quedado atrás.

Imagina que es el próximo lunes por la mañana. Te sientas y necesitas:

- Crear maquetas y variaciones para tu nueva línea de productos.
- Convertir bocetos preliminares en imágenes pulidas para las presentaciones a los clientes.

- Generar música de fondo para tu pódcast o tus vídeos.
- Crear un chatbot para atender las consultas de los clientes las 24 horas del día, los 7 días de la semana.
- Transformar largas grabaciones de reuniones en resúmenes prácticos.
- Diseñar logotipos y activos de marca sin necesidad de contratar a un diseñador.
- Convertir los datos de tus hojas de cálculo en visualizaciones claras y atractivas.

Sin IA, eso te llevaría fácilmente cuatro o cinco días completos de trabajo si es que tienes las habilidades necesarias. Si no las tienes, te va a costar bastante dinero. Con las herramientas de IA adecuadas y algo de práctica, probablemente podrías tener todo esto listo al final del día, gratis o por un costo mínimo.

Si eso se convirtiera en tu nueva realidad, ¿qué harías con el resto de la semana? Quizás por fin pondrías en marcha esa idea que has estado madurando. O dejarías de quedarte atrás por ser un equipo de una sola persona. Irías al gimnasio, llevarías a tus hijos al parque o, por fin, leerías ese libro que lleva meses en tu mesilla de noche.

Así es como esto se traduce en la vida diaria, y tengo la sensación de que al menos un ejemplo te dará una idea. Los diseñadores de interiores utilizan la IA para visualizar al instante la distribución de las habitaciones y la combinación de colores. Los pódcasters y youtubers la utilizan para eliminar el ruido de fondo y componer música de introducción personalizada. Los propietarios de pequeñas empresas la usan para gestionar las consultas de los clientes durante la noche sin necesidad de estar pegados a su bandeja de entrada. Un analista de datos convierte una hoja de cálculo desordenada en un conjunto de imágenes claras. Un creador de cursos redacta guiones de lecciones y los traduce para un público internacional. Incluso los solopreneurs la usan para editar videos, mejorar fotos y crear aplicaciones sencillas.

Lo que la mayoría de los principiantes no sabe es que no es necesario comprender los matices técnicos del funcionamiento de la IA para utilizarla bien. Si tienes mi edad, recordarás el internet por línea telefónica. ¿Recuerdas ese chirrido del módem, esperar tres minutos a que cargara una sola foto y que te desconectaran cuando alguien levantaba el teléfono? Nadie entendía cómo las líneas telefónicas llevaban los sitios web a sus ordenadores. Solo sabían que internet les permitía enviar correos electrónicos a su primo en Japón y buscar recetas a medianoche. Eso era suficiente. Yo también quería ser parte de eso.

Avancemos rápidamente hasta hoy, cuando vemos películas en 4K en nuestros teléfonos sin parar a pensar en lo descabellado que habría parecido hace 20 años. Pregunta a alguien cómo funciona realmente el wifi, cómo esas señales invisibles transportan Netflix a través de paredes de hormigón, y verás cómo se encoge de hombros. No importa. Funciona, es útil y eso es todo lo que necesitan saber.

No era necesario entender cómo funcionaba el módem para usar Internet, pero sí saber escribir una dirección web, hacer clic en un enlace y enviar un correo electrónico. Los detalles técnicos podían seguir siendo un misterio. Los fundamentos de la interacción, no.

Pero, de alguna manera, con la IA nos hemos convencido de que es diferente. Que es «solo para ingenieros» o «demasiado técnica» para entenderla. Que se necesita un título en informática solo para utilizarla. Tonterías. Nada de eso es cierto.

La IA generativa sigue el mismo principio que Internet. Olvídate de las redes neuronales y el aprendizaje automático. Lo importante es saber cómo comunicarte con estas herramientas: cómo pedir lo que quieres y conseguir respuestas que realmente te sirvan. Esa es la diferencia entre tener acceso a una tecnología potente y utilizarla realmente para salir adelante.

El mundo está lleno de profesionales inteligentes y capaces que tienen dificultades con la IA simplemente porque la mayoría de los recursos dan por sentado que ya hablas ese idioma. No te sientes abrumado porque no seas inteligente, te sientes abrumado porque nadie te ha enseñado nunca cómo utilizar estas herramientas para lograr realmente algo. Te dan consejos genéricos, comparten capturas de pantalla de interfaces que cambian cada semana y teorizan sobre el futuro en lugar de enfocarse en lo que realmente funciona hoy.

Este libro sigue un camino distinto.

He estructurado este libro en cuatro fases para ayudarte a desarrollar tus conocimientos de forma progresiva.

En primer lugar, construirás una base sólida al comprender qué es realmente la IA generativa, cómo elegir las herramientas adecuadas sin ahogarte en opciones y dominar el arte de comunicarte eficazmente con herramientas de IA que obtienen resultados.

A continuación, aprenderás a utilizar estas habilidades con las herramientas de IA adecuadas para crear diversos tipos de contenido: texto, imágenes, audio y vídeo.

En la tercera fase, aprenderás a aplicar lo que sabes sobre la creación de contenidos con IA generativa para obtener resultados significativos en tu vida y en tu trabajo.

Por último, te mostraré aplicaciones avanzadas, no para que las domines al instante, sino para que comprendas claramente cuál es tu camino de aprendizaje después de terminar este libro y cómo esta habilidad puede impactar profundamente en tu vida si sigues desarrollándola.

Hay ejercicios en casi todos los capítulos que te ayudarán a aplicar lo que aprendas. Estos ejercicios se complementan entre sí y, al final del libro, habrás creado un sitio web de blogs real con contenido e imágenes. Si no quieres ser bloguero ni tener tu propio sitio web, no pasa nada. Te animo a que hagas los ejercicios de todos modos, porque hacerlo te proporcionará el marco necesario para crear otros proyectos con herramientas de IA generativa.

Una vez que entiendas lo que estas herramientas permiten, verás tu trabajo y tu tiempo desde otra perspectiva. No estoy diciendo que vayas a escribir un libro durante tu trayecto matutino al trabajo. Pero sí diré esto: en nuestro negocio, hemos creado automatizaciones que escriben entradas de blog, redactan contenido para redes sociales, resumen reuniones e incluso gestionan la contabilidad básica. Eso libera a nuestro equipo para concentrarse en el trabajo que realmente importa. Tengo herramientas configuradas que pueden crear 10 borradores de entradas de blog optimizadas para SEO en 10 minutos.

Esos borradores no son el producto final. Dedico una o dos horas a editarlos y mejorarlos para aumentar su calidad y hacer que el contenido sea único y realmente útil. Pero sin duda es mejor que dedicar entre cuatro y ocho horas a cada entrada. Dudé en incluir este detalle porque podría sonar como una táctica de promoción, pero lo comparto porque la mayoría de la gente aún no se da cuenta de lo que es posible.

La verdadera historia no trata de la velocidad, sino de lo que es posible cuando tienes un sistema. Con las herramientas y el flujo de trabajo adecuados, puedes alcanzar un nivel de eficiencia y productividad creativa que transforma por completo tu manera de trabajar.

Este libro está pensado para personas reales que intentan resolver problemas reales. No necesitas otra lista de herramientas. A estas alturas, estamos inundados de herramientas. Lo que necesitas es un sistema.

Cuando termines este libro, sabrás cómo:

- Crear prompts eficaces (que son simplemente instrucciones para las herramientas de IA) que produzcan resultados generados por IA de alta calidad.
- Hacer una lluvia de ideas y organizar proyectos con la IA como tu coplanificador.
- Escribir entradas de blog, correos electrónicos y contenido de marketing con tu propio estilo.
- Crear imágenes, logotipos y diseños a partir de simples descripciones de texto.
- Transformar grabaciones de reuniones en resúmenes prácticos.
- Combinar diferentes herramientas de IA para completar proyectos reales.
- Aplicar lo que has aprendido a tu trabajo y objetivos específicos.

Las herramientas existen. Son asequibles. Están esperando. Y tú vas a aprender a utilizarlas. ¿Estás listo?

1

¿Qué es la IA generativa?

NO PUEDES MIRAR las noticias ni entrar en tus redes sociales sin encontrarte con algo sobre la IA. Tus amigos, compañeros de trabajo e incluso tus abuelos hablan de ello en sus conversaciones. Incluso Oprah dedicó un programa especial al tema. Gran parte del debate gira en torno a la expectación y el misterio, porque la mayoría de la gente aún no comprende bien qué es la IA. Y para muchos, la referencia más cercana sigue siendo alguna película de los años noventa.

Pero la IA de esas películas y la que se utiliza hoy en día funcionan con reglas muy diferentes. Ese tipo de IA rebelde que vemos en las películas requiere un razonamiento, unas motivaciones y una conciencia que aún estamos muy lejos de desarrollar, y que quizá nunca lleguemos a desarrollar. Entonces, ¿qué hacen realmente la IA y la IA generativa? ¿Y cuál es la diferencia entre ambas?

Algunas personas creen que la IA generativa solo sirve para arrebatarle el trabajo a la gente, pero no es así. La verdad es mucho menos dramática. La IA generativa no busca reemplazarte, sino ayudarte a trabajar con mayor facilidad. Puedes verla como una herramienta que te ayuda a aprovechar mejor tu tiempo. Imagina poder redactar diez borradores de correo electrónico consistentes en el tiempo que normalmente tardas en terminar uno, y sin tener que preocuparte de que tu «asistente» se distraiga con otra cosa más urgente.

Qué es la IA generativa y en qué se diferencia de la IA tradicional

Antes de la IA generativa, la mayoría de los sistemas de inteligencia artificial se diseñaban para tareas muy específicas. Estos sistemas de IA «tradicionales» eran excelentes para analizar datos, detectar patrones y hacer predicciones o clasificaciones según patrones previos. Están diseñados como especialistas, buenos en una sola cosa.

La IA tradicional no es nueva. Lleva años funcionando discretamente entre bastidores en las aplicaciones y suscripciones que utilizas a diario. Por ejemplo, cuando haces una foto a tu perro con tu iPhone, Apple Intelligence es capaz de reconocer la raza. Para ello, analiza características de la imagen, como la forma de las orejas, la longitud del pelaje y los colores del manto, y luego compara esas características con un enorme conjunto de datos de razas de perros etiquetadas. Según la similitud más próxima, asigna una raza a la imagen. Este tipo de IA, en cambio, no genera nada nuevo. Clasifica la información utilizando lo que ya ha aprendido. Además, no siempre es correcta. Mi teléfono siempre identifica erróneamente a mi perro cocker spaniel/pequinés como un King Charles Cavalier (pero, de nuevo, lo mismo les pasa a la mayoría de las personas).

Un motor de recomendaciones, como los que utilizan Netflix y Amazon, rastrea tus hábitos de consumo o lo que sueles ver o comprar para adivinar lo que te podría interesar ver o comprar a continuación. Cuando Netflix te sugiere tu próxima maratón de series basándose en lo que tú y otros espectadores similares han visto, se trata de IA tradicional. Los sistemas como estos pertenecen a una rama de la IA llamada aprendizaje automático, que utiliza algoritmos para encontrar patrones en los datos y hacer predicciones sin haber sido programados de forma explícita para cada escenario. Has utilizado la inteligencia artificial, quizás sin darte cuenta.

Lo que ocurre con la IA tradicional es que se limita a los datos que tú le proporcionas. Está diseñada para reconocer patrones, clasificar información y hacer predicciones, pero solo dentro de los límites de lo que ya sabe. Eso significa que es ideal para cosas como identificar transacciones fraudulentas con tarjetas de crédito, leer exploraciones médicas, anticipar retrasos en la cadena de suministro, detectar fallos en los equipos o recomendar productos que podrían gustarte en función de lo que has comprado en el pasado. Puede filtrar, clasificar y establecer conexiones que las personas normalmente pasarían por alto, pero no crea nada nuevo, como sí lo hacen los modelos de IA generativa. Su salida es siempre una reorganización o un reflejo de lo que ya existe.

Esto plantea una pregunta habitual: si estos sistemas son en su mayoría solo sofisticados sistemas de reconocimiento de patrones, ¿se trata realmente de «inteligencia»? En términos técnicos, sí. La inteligencia artificial simplemente significa crear sistemas informáticos que puedan realizar tareas que solemos asociar con la inteligencia humana, como reconocer patrones, comprender el lenguaje o tomar decisiones. El aprendizaje automático, incluidos los modelos generativos que estamos a punto de explorar, es una rama de ese campo. Algunas personas sostienen que estas herramientas no son «verdaderamente inteligentes» porque no piensan ni comprenden como los humanos, pero en la práctica, el sector tecnológico sigue considerándolas IA. Y, si no esperamos que las personas adivinen correctamente la raza de un perro el 100 % de las veces, ¿deberíamos esperarlo de la IA? Si una suposición errónea bastara para negar su inteligencia, ¿entonces tampoco los humanos seríamos inteligentes?

Entonces, ¿por qué la IA nos parece tan nueva si en realidad la llevamos utilizando desde hace tiempo? Parte de la razón es que está integrada en el software que utilizamos a diario. Ha sido prácticamente invisible hasta ahora.

Y cuando se oía hablar de «inteligencia artificial», parecía algo que solo los equipos de científicos de datos e ingenieros de las empresas del Fortune 500 podían crear, entrenar y mantener. Las empresas necesitaban especialistas, grandes presupuestos y meses (o incluso años) para crear algo que apenas funcionara. No parecía una herramienta pensada para la gente corriente.

En noviembre de 2022 se lanzó ChatGPT al público y las cosas cambiaron. Se trataba de un modelo de IA desarrollado e integrado en una aplicación de software fácil de usar y accesible para todo el mundo. Un millón de personas se registraron en menos de una semana, 100 millones en cuatro meses. A principios de 2025 se contabilizaron 400 millones de usuarios. ChatGPT impulsó la era de la IA generativa.

Antes de continuar, es fundamental que comprendas en qué se diferencia la IA generativa de la IA tradicional. En lugar de limitarse a analizar lo que ya existe, genera algo completamente nuevo. Los modelos de IA generativa crean nuevos contenidos, como escritos, arte, música o incluso código. Lo hacen aprendiendo la estructura y el estilo subyacentes de enormes conjuntos de datos.

IA convencional frente a IA generativa

IA convencional	IA generativa
Organiza, clasifica y examina datos	Genera contenido totalmente original desde el principio.
Haz predicciones o clasificaciones.	Genera texto, imágenes, audio, vídeo o programación.
Solo opera con información existente.	Es capaz de imaginar y crear cosas que nunca han existido.
Requiere competencias técnicas para desarrollar	Sencillo de utilizar; cualquier persona puede emplearlo con un lenguaje claro.
Ejemplo: Filtro de spam	La inteligencia artificial elabora un nuevo correo electrónico de marketing.

Esta transición de una IA que solo podía analizar y predecir a modelos que pueden crear es la razón por la que la IA se ha popularizado en los últimos tres años. Muchas de estas herramientas son gratuitas o asequibles. Es más accesible y fácil de usar que nunca.

Las 5 categorías de herramientas de IA generativa

Existen muchas herramientas de IA, pero en general se agrupan en cinco categorías principales. Comprenderlas te ayudará a saber con facilidad qué tipo de herramienta necesitas para cada tarea.

1. Asistentes

Son herramientas de IA diseñadas para mantener conversaciones contigo y ayudarte a realizar todo tipo de tareas cotidianas. Escribes una pregunta o planteas una idea, y el asistente responde. No importa si necesitas respuestas, inspiración o ayuda para resolver un problema. Los asistentes más populares, como ChatGPT, Claude y Gemini, pueden recordar el contexto de tu conversación, por lo que puedes mantener una conversación fluida, como lo harías con otra persona.

2. Generadores

Son herramientas para crear algo de la nada. Supongamos que quieres una imagen para una entrada de blog o necesitas una voz en off para un vídeo corto. Herramientas como Midjourney, DALL-E y ElevenLabs pueden generar un resultado con un solo prompt. No necesitas tener experiencia en diseño ni en edición de audio.

3. Potenciadores

Si ya tienes un borrador o una idea aproximada, los potenciadores te ayudan a pulirla. Grammarly y LanguageTool son ejemplos clásicos de potenciadores para la escritura. Herramientas como Remini, que enfocan una foto borrosa o mejoran la calidad de un gráfico que has descargado, también son potenciadores. Estas herramientas mejoran el contenido que ya tienes mediante IA.

4. Constructores

A veces necesitas una estructura más grande, como un sitio web, una presentación o un informe. Las herramientas de creación te proporcionan una plantilla y te guían paso a paso, para que no te quedes atascado frente a una pantalla en blanco. Combinan un poco de automatización con cierta libertad creativa.

5. Orquestadores

Aquí es donde las cosas empiezan a ser realmente eficientes. Los orquestadores, como Make, n8n o Zapier, te permiten conectar todas tus aplicaciones y herramientas para que hagan el trabajo aburrido por ti. Puedes utilizarlas para encadenar varias tareas que realizan generadores o asistentes y así automatizar procesos como la creación de borradores de artículos o la respuesta a preguntas de clientes. Aunque los orquestadores no generan contenido nuevo directamente como ChatGPT o Midjourney, cuando se combinan con modelos generativos, pasan a ser la columna vertebral de los sistemas basados en IA que funcionan con una mínima intervención humana. La mayoría de estas herramientas tienen IA incorporada que te permite describir qué tipo de flujo de trabajo estás tratando de automatizar, y crean toda la automatización de múltiples pasos por ti. También se las conoce como herramientas de automatización de flujos de trabajo, es decir, herramientas para automatizar procesos o tareas repetitivas, o de tipo *low-code/no-code* (herramientas que permiten crear soluciones sin necesidad de programar o con muy poco código).

Tipos de herramientas de IA generativa

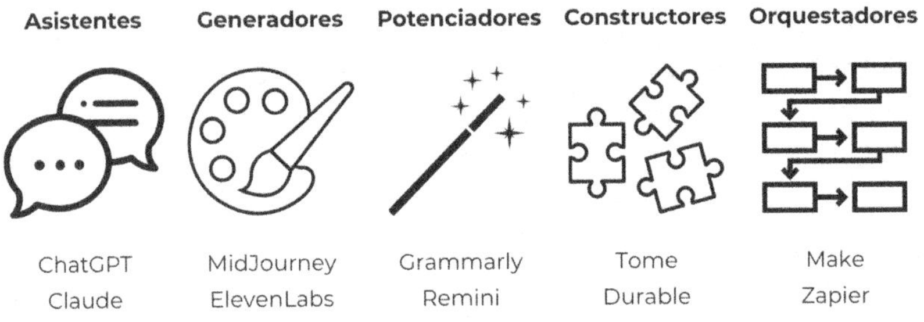

No es necesario dominar todos estos tipos de herramientas. Yo utilizo exactamente cuatro herramientas de IA el 98 % del tiempo: ChatGPT para escribir y hacer lluvias de ideas, Grammarly para editar y comprobar el plagio, CanvaAI para editar diseños como portadas de libros y publicaciones en redes sociales, y Make para automatizaciones (tardé más de un año en dominarla). Todo lo demás está bien conocerlo, pero no es esencial. Durante todo mi primer año solo utilicé ChatGPT, y fue más que suficiente.

Lo que se puede crear con la IA generativa

Las posibilidades de la IA generativa crecen cada pocos meses. Esto es solo una muestra de lo que puedes lograr con la IA generativa en poco tiempo:

- Redactar una descripción de producto o un correo electrónico para tu negocio.
- Escribir un poema o un cuento sobre cualquier tema que te guste.
- Crear una imagen, como tu perro con un disfraz de vaca o un logotipo personalizado.
- Generar una pieza musical basada en tu estado de ánimo.
- Crear un vídeo o incluso una voz realista que narre tus palabras en voz alta.
- Generar código que organice tus archivos automáticamente.

Estos son solo algunos ejemplos, pero veamos más de cerca los principales tipos de contenido que puedes crear con la IA generativa.

Texto

La generación de texto es por donde la mayoría de la gente empieza con la IA. ChatGPT o algo similar es la puerta de entrada a la IA para muchos. Estas herramientas pueden redactar correos electrónicos, informes, artículos de blog y prácticamente cualquier otro texto que necesites. También pueden editar lo que ya has escrito y corregir la gramática o ajustar el tono.

Si te preguntas en qué se diferencian las herramientas de generación de texto de los asistentes que hemos mencionado antes, la respuesta es que no se diferencian. Muchas de las herramientas de generación de texto más conocidas son asistentes. Pero otras, como Grammarly, actúan como potenciadores porque ayudan con la parte de edición del proceso.

Elementos visuales

La IA crea imágenes a partir de descripciones sencillas y diseña gráficos para redes sociales en cuestión de minutos. Puedes producir campañas de marketing completas, portadas con calidad de revista o prototipos de conceptos de embalaje en una fracción del tiempo que antes requería. Puedes generar decenas de gráficos para redes sociales en cuestión de minutos con una suscripción de 20 € al mes.

Audio

La producción de audio puede crear locuciones con sonido profesional y música de fondo sin problemas de derechos de autor. Puede convertir los archivos de un blog en series completas de pódcasts, transformar un libro en un audiolibro, hacer locuciones para vídeos instructivos de TikTok y mucho más.

Vídeo

Puedes generar vídeos explicativos, anuncios o clips de formación directamente desde tu ordenador portátil. Incluso puedes hacer vídeos en diferentes idiomas o añadir efectos sin necesidad de aprender a utilizar ningún software nuevo.

Código

Personas sin conocimientos de programación están creando aplicaciones sencillas. No es necesario saber Python ni JavaScript, porque la IA escribe el código por ti. Solo necesitas saber cómo decirle a la IA lo que quieres y comprobar que el código funcione como esperas.

Qué puede hacer la IA generativa

Categoría	Herramientas de arranque recomendadas
Texto	ChatGPT o Claude
Imágenes	Viaje intermedio o DALL-E
Audio	ElevenLabs
Video	Pictory
Productividad	Notion AI y Microsoft Copilot

Gran parte de este libro se centrará en los asistentes y generadores que crean estos tipos de contenido. Algunas categorías avanzadas, como los orquestadores, van más allá de lo que suelen necesitar los principiantes, por lo que no les dedicaremos mucho tiempo. Aun así, abordaremos algunas aplicaciones avanzadas para mostrarte lo que pronto estará a tu alcance.

Verás qué herramientas dan mejores resultados para diferentes proyectos y encontrarás formas de comprimir tareas de varias horas en minutos de trabajo. No se trata de usar la IA para absolutamente todo, sino de enfocarte en las tareas que realmente importan y liberar tiempo para ti.

También es importante entender lo rápido que avanzan las herramientas de IA en la actualidad. Las mejores herramientas de IA para una tarea concreta pueden ser las mejores del mercado hoy, pero mañana podrían ser superadas por otra que lance una actualización importante.

Las herramientas de IA también son cada vez más accesibles. La función premium de IA que hoy es de pago podría ser gratuita el próximo año. Cuando HeyGen, una herramienta de vídeo con IA, apareció por primera vez en el mercado, costaba hasta 150 € al mes por un determinado número de créditos de vídeo. Hoy cuesta 29 € al mes por un generoso plan Creator.

Antes de profundizar en el uso de diferentes herramientas de IA para crear estos tipos de contenido, conviene entender, aunque sea de forma básica, cómo funcionan internamente los modelos de IA que los generan.

Cómo funciona la IA generativa (y por qué no siempre es correcta)

La IA generativa no tiene una inteligencia real en el sentido humano del término. No entiende, piensa ni razona como nosotros. En su lugar, utiliza modelos matemáticos complejos para predecir lo que sigue, ya sea la próxima palabra de una frase, la siguiente nota de una canción o el próximo píxel de una imagen.

El tipo más común de IA generativa que se utiliza se denomina «modelo de lenguaje grande» o LLM, por sus siglas en inglés. ChatGPT es un ejemplo muy conocido. Los LLM se entrenan con enormes cantidades de texto procedente de libros, artículos y sitios web, aprendiendo patrones del lenguaje para poder generar contenido nuevo que suene natural.

Estas predicciones se basan completamente en patrones aprendidos a partir de grandes conjuntos de datos durante el entrenamiento. En el caso del texto, la IA estudia millones de libros, artículos y conversaciones para aprender cómo escriben y conversan las personas. En el caso de la música, analiza las notas y los ritmos de innumerables canciones para comprender cómo fluyen las melodías.

La naturaleza predictiva de los LLM y el hecho de que no tengan inteligencia real pueden llevarlos a veces a dar respuestas muy erróneas con total seguridad, lo que se conoce como alucinaciones. Aunque los LLM se han vuelto lo bastante sofisticados como para que probablemente no te digan que la capital de Estados Unidos es Texas, es posible que te encuentres con:

- **Citas falsas:** la IA puede inventar un artículo de revista, un libro o un sitio web y presentarlo como si fuera real.
- **Estadísticas o fechas incorrectas:** ofrece una cifra o fecha que suena plausible (por ejemplo, «En 2022, el trabajador medio estadounidense cambió de trabajo 5,3 veces») pero que no está respaldada por datos reales.

- **Casos legales o normativas inventados:** hace referencia a un caso judicial, un estatuto o una ley que suena real, pero que nunca ha ocurrido.
- **Acontecimientos históricos inexistentes:** describe una cumbre política, un invento o un hecho que nunca tuvo lugar.
- **Citas erróneas:** atribuye una cita a la persona equivocada o la inventa por completo.
- **Consejos técnicos seguros pero erróneos:** por ejemplo, puede ofrecer un fragmento de código que parece correcto pero que utiliza una función inexistente o desactualizada, o explicar un concepto científico de manera inexacta.
- **Resúmenes inexactos:** al resumir un libro, artículo o documento, puede añadir detalles que no estaban en el original o cambiar el significado
- **Personas, productos o empresas imaginarias:** la IA puede mencionar una herramienta de software, una empresa o una aplicación que no sea real si le pides recomendaciones o comparaciones.

¿Alguna vez has leído una entrada de blog o un libro en el que se menciona a Sarah, la propietaria de una pequeña panadería o floristería en Portland? Probablemente sea un personaje generado por IA que, además, dirige un estudio de yoga, compra y vende casas, diseña invitaciones de boda, ofrece servicios de contabilidad a artistas locales, regenta un food truck sin gluten y asesora a aspirantes a emprendedores en su tiempo libre, ya que parece aparecer en todos los ejemplos falsos que genera ChatGPT.

Siempre debes verificar los datos, especialmente las fechas, las estadísticas y los detalles técnicos. Ahora que tienes una comprensión básica de lo que es la IA generativa y cómo funciona, probablemente tengas curiosidad por descubrir qué tipo de herramientas vas a utilizar realmente.

Todo esto puede parecer mucho al principio, así que si no has memorizado todos los diferentes tipos de herramientas ni lo que puedes crear con ellas, no te preocupes. Vas a aprenderlo de forma natural en los próximos capítulos, hasta que se convierta en un conocimiento práctico que puedas aplicar en tus flujos de trabajo diarios, tanto en el trabajo como en tu vida personal.

Como mencioné antes, los asistentes basados en texto son el punto de partida de la mayoría de las personas en su camino hacia la IA, ya que funcionan como una conversación. Estas herramientas también se conocen como IA conversacional, y son las que vamos a tratar a continuación.

2

Primeros pasos con las herramientas de IA conversacional

LAS HERRAMIENTAS de IA conversacional como ChatGPT y Claude funcionan mediante chats de texto sencillos. Tú escribes algo y ellas responden con texto. Estas herramientas pueden redactar entradas de blog completas, analizar hojas de cálculo, crear estrategias de marketing, depurar código y generar planes de proyecto detallados a partir de unas cuantas frases tuyas. La mayoría de estas herramientas funcionan tanto en el ordenador como en el teléfono, y muchas de ellas están disponibles también como aplicaciones móviles.

Personalmente, confío en ChatGPT para aproximadamente el 90 % de mis actividades comerciales: redactar correos electrónicos, analizar datos, generar ideas creativas, crear sprints comerciales de 30 días, escribir y editar. La IA conversacional puede convertirse en el eje que une tus flujos de trabajo diarios.

Resumen de las principales herramientas de IA conversacional

El tipo de tareas que quieras hacer con la IA conversacional puede determinar qué herramienta uses más. Cada una funciona mejor para diferentes tareas. No hace falta que pruebes todas las opciones; puedes empezar con una y probar otra más adelante. A continuación te presento un resumen de las mejores opciones.

ChatGPT (OpenAI)

Esta herramienta es mi caballo de batalla y mi opción preferida para casi todo. Si no sabes por dónde empezar, hazlo aquí. A diferencia de muchas aplicaciones que básicamente te obligan a actualizar, esta es verdaderamente útil incluso en su versión gratuita. La utilizo para todo: desde redactar correos electrónicos y generar ideas de contenido hasta escribir borradores, analizar datos e incluso planificar mi semana.

Cuándo utilizarla:

- Si necesitas una herramienta flexible y polivalente para escribir, investigar o recibir ayuda rápida con cualquier proyecto empresarial o creativo.
- Cuando quieras una herramienta intuitiva y fácil de usar.
- Para automatizar tareas repetitivas que haces todo el tiempo.

Al actualizar a Plus, obtienes modelos más avanzados, límites de uso más altos e información en tiempo real. Yo la uso a diario para una amplia gama de tareas.

Claude (Anthropic)

Claude es una gran alternativa si escribes libros, blogs u otro contenido extenso. En mi opinión, supera a ChatGPT para escribir en un tono más humano y natural. También puede editar y dar formato a varios miles de palabras de texto a la vez con un alto grado de precisión. He pasado una hora frustrado con ChatGPT porque no puede formatear documentos largos con exactitud, mientras que Claude lo hace fácilmente con un solo prompt. Solo eso ya me ha simplificado mucho el trabajo.

Claude también maneja documentos muy extensos mejor que los demás y es particularmente bueno en el análisis detallado. Si trabajas con textos largos o necesitas un razonamiento cuidadoso sobre temas complejos, Claude es una herramienta destacada.

Gemini (Google)

Si quieres la información más reciente o trabajas dentro del ecosistema de Google, Gemini podría ser la herramienta que mejor se adapte a ti. Sus capacidades de investigación son sólidas. La búsqueda de Google está integrada, por lo que obtienes datos y noticias actualizadas. La integración con Google Docs, Sheets y Gmail es fluida; puedes resaltar texto y pedir ayuda directamente desde donde estás trabajando.

Cuándo utilizarlo:

- Si tu día a día se desarrolla en Google Workspace.
- Cuando necesites realizar búsquedas rápidas o verificar datos.
- Si estás cansado de cambiar de pestaña solo para hacer una consulta.

Perplexity

Perplexity es la herramienta que utilizo cuando necesito citas y datos fiables, no solo respuestas que suenen convincentes. No es tanto un chatbot como un asistente de investigación basado en IA. Lo uso para escribir obras de no ficción y para cualquier proyecto que requiera fuentes verificables.

Cuándo utilizarlo:

- En trabajos que requieren mucha investigación y fuentes confiables.
- Para resumir temas complejos con enlaces verificados.
- Cuando «lo leí en Internet» no es suficiente.

Grok

Esta herramienta de IA conversacional es diferente y se ha labrado su propio nicho gracias a su enfoque en las redes sociales y el contenido de tendencia. Grok está integrado en X (Twitter) y tiene algo que las demás no tienen: acceso en tiempo real a lo que la gente está comentando. Entiende las redes sociales de una forma que resulta natural. Si necesitas contenido que encaje perfectamente en las plataformas sociales, Grok habla ese idioma con fluidez. Las otras herramientas pueden ayudarte a escribir sobre temas de actualidad, pero Grok te permite crear contenido que se convierte en parte de la conversación.

Cuándo utilizarlo:

- Cuando quieras sumarte a las tendencias o a los memes del momento.
- Si necesitas inspiración o un lenguaje que encaje con las plataformas sociales.
- Si trabajas en marketing, relaciones públicas o creación de contenido y necesitas estar al tanto de lo que está ocurriendo en Internet.

Grok también ha suscitado cierta controversia al generar respuestas sesgadas o extremas. Dado que se ha entrenado con contenido de redes sociales en tiempo real, los resultados pueden reflejar opiniones sin filtrar o información errónea. Esto es preocupante porque, recordemos, los modelos de lenguaje grande (LLM) generan respuestas predictivas basadas en sus datos de entrenamiento, lo que sugiere que los datos de Grok incluían contenido de foros no moderados, publicaciones sociales u otras fuentes con escaso filtrado de información errónea, discurso de odio o extremismo político. Cuando los datos de origen son tan confusos, la IA puede acabar repitiendo o amplificando ideas perjudiciales, aunque esa no sea la intención de sus desarrolladores.

Si no puedes acceder a una de estas herramientas en tu país, prueba con otra de la lista. Todas ofrecen capacidades básicas similares.

Herramientas de IA conversacional para principiantes

Herramienta	Ideal para	Función principal
ChatGPT	Escritura general, tareas creativas, API	Flexible, versátil, muchas opciones de complementos
Claude	Textos largos, análisis/edición de documentos	Maneja archivos extensos, respuestas matizadas
Gemini	Investigación, datos actualizados, uso con Google	Se integra con Google Workspace, resultados en tiempo real
Perplexity	Investigación, respuestas con citas/verificadas	Citación automática de fuentes
Grok	Redes sociales, contenido basado en tendencias	Integración con X (Twitter), conocimiento social

Cómo elegir la mejor herramienta de IA para tus necesidades

Ahora que ya sabes qué hace mejor cada herramienta, el siguiente paso es elegir. Yo utilizo tres preguntas que me orientan en la dirección correcta:

1. ¿Para qué esperas utilizarla principalmente?

Vuelve a leer las descripciones. ¿Cuál crees que puede resolver los problemas con los que lidias más a menudo? Una vez más, si no estás seguro, opta por ChatGPT. Así fue como empecé yo hasta que me familiaricé con la herramienta.

2. ¿Qué importancia tiene la información en tiempo real?

Si necesitas información actualizada —por ejemplo, para consultar las noticias del día o revisar las últimas reseñas de productos— elige Perplexity o Gemini. Ambas están conectadas a fuentes actualizadas.

ChatGPT Plus o Claude ofrecen un buen punto intermedio: ChatGPT puede acceder a Internet para verificar información y obtener datos recientes, mientras que Claude actualmente no puede hacerlo.

Pero si tu trabajo no depende de información actual, como proyectos de escritura creativa o análisis históricos, puedes elegir cualquier herramienta basándote en otros factores que te resulten más importantes.

3. ¿Dónde quieres utilizarla?

Piensa dónde necesitas usar esta herramienta en tu jornada laboral. Si trabajas con Google Workspace, Gemini es la opción más adecuada. Funciona directamente dentro de tus herramientas de Google, sin necesidad de cambiar de pestaña: solo tienes que resaltar el texto, pedir ayuda y seguir trabajando.

Elige ChatGPT si la flexibilidad es importante. Ofrece varias integraciones de terceros, como Google Drive, Outlook, Canva, HubSpot y SharePoint, entre otras. Funciona bien con casi cualquier tecnología que utilices. La mayoría de los desarrolladores la prefieren por esa razón, ya que pueden conectarla a GitHub (donde almacenan su código).

Para trabajos que requieren mucha investigación, Perplexity cita cada afirmación y vincula cada dato con su fuente. Se convierte en parte del proceso con el que verificas tu trabajo.

Consejo profesional: Si estás leyendo esto como propietario de un negocio, gerente o alguien que planea utilizar la IA en equipo, tanto ChatGPT como Claude ofrecen planes «Team» o «Enterprise».

Estos planes proporcionan mayor privacidad, seguridad, controles administrativos, más capacidad de uso y funciones de colaboración, lo que te ayuda a controlar cómo se utiliza la IA en toda tu organización. Si tu empresa utiliza Microsoft 365, considera Copilot, que integra la IA conversacional directamente en Word, Excel, Outlook y Teams.

Preparación para el prompting

A medida que te adentres en el uso de la IA generativa, experimentarás con diferentes herramientas de IA conversacional y descubrirás cuáles prefieres para distintas tareas. A lo largo de este capítulo has aprendido que cada modelo tiene sus puntos fuertes y débiles. Ahora utilizo con frecuencia varias herramientas y modelos en el mismo flujo de trabajo de escritura.

Por ahora, elige una con la que quieras empezar y regístrate en su plan gratuito (a menos que estés listo para actualizar desde el principio). No le des demasiadas vueltas. La clave del éxito con la IA conversacional y generativa importa menos por la herramienta que elijas que por cómo te comuniques con ella. Independientemente de la herramienta que utilices, todo comienza con cómo formulas la pregunta. El primer mensaje que envías, llamado **prompt**, es lo que le indica a la IA qué hacer. Los prompts son el puente entre lo que tienes en mente y los resultados que esperas.

La ingeniería de prompts es una habilidad fundamental que perdurará más allá de cualquier herramienta de moda o nueva aplicación llamativa. Si no sabes cómo dar instrucciones claras, incluso el mejor prompt de IA puede darte resultados pobres o confusos. Por eso, en el siguiente capítulo vamos a practicar esta habilidad básica y seguir fortaleciéndola a lo largo de los próximos capítulos.

3

Ingeniería de Prompts: la habilidad que todo usuario de IA necesita

MIS PRIMEROS MESES con ChatGPT fueron vergonzosos. No paraba de escribir cosas como «mejora esto» mientras intentaba editar el contenido y me enfadaba mucho cuando el resultado era peor que el original. Fue cuando empecé a hacer cursos y a ver lo que hacían otros creadores para obtener primeros borradores de gran calidad de su contenido cuando me di cuenta de que mis prompts flojos daban lugar a resultados mediocres.

Un prompt débil produce resultados genéricos y poco útiles. Un prompt fuerte produce una salida sólida que puedes utilizar, a veces con una edición mínima. No es perfecto, pero es lo suficientemente útil como para ahorrar tiempo real en el trabajo real. Si realmente te importa la calidad del correo electrónico que envías o de la publicación que haces en redes sociales, un prompt débil requerirá mucha edición, y el uso de la IA no te ahorrará mucho tiempo.

Muchos usuarios de IA generativa quedan atrapados en este dilema porque nunca aprendieron a escribir buenos prompts. Tú no serás uno de ellos.

En este capítulo, verás en detalle qué es lo que hace que los prompts funcionen. Verás cómo pequeños cambios en la redacción pueden cambiar completamente tus resultados, además de plantillas que puedes adaptar a diferentes situaciones. Tendrás un método claro y sensato para escribir prompts que funcionen.

Solo recuerda ser paciente contigo mismo, estás aprendiendo una nueva habilidad. Y llegar a ser bueno en cualquier cosa lleva tiempo. Después de trabajar con 20 a 30 prompts de IA, la mayoría de las personas comienzan a reconocer qué detalles necesita la IA para crear la salida que buscan.

Cuando te sientas frustrado o tengas dificultades, ten en cuenta lo siguiente: cada esfuerzo que dediques ahora a aprender a escribir prompts te compensará una y otra vez. La ingeniería de prompts es una habilidad atemporal que potencia tu eficacia, independientemente de la herramienta de IA generativa que utilices o de la rapidez con la que cambien las herramientas.

Pronto, escribir un prompt será tan rutinario como mandar un mensaje o buscar en Internet. En cierto modo, escribir prompts es *Google Search* del futuro. Es la puerta de entrada a la IA generativa y, pronto, una habilidad cada vez más necesaria para moverse con soltura en la vida actual.

Cuatro componentes que hacen que los prompts funcionen

Obtener resultados consistentes de la IA se reduce a incluir la información correcta en tus prompts. Estos son los cuatro componentes que utilizo casi siempre:

1. Contexto
2. Instrucciones claras
3. Formato y estilo
4. Restricciones y parámetros

Hablemos de cada uno de ellos en detalle.

1. Contexto

La información contextual que proporciones es importante, ya que la IA no puede leer tu mente ni conocer tu situación específica. Considera estas dos preguntas:

1. *¿Cómo puedo mejorar mi negocio?*

2. *Tengo una pequeña librería en línea con tres empleados, y nuestra retención de clientes ha caído un 15 % en el último trimestre. ¿Cómo puedo mejorar mi negocio?*

La primera pregunta te da un consejo largo y vagamente optimista. La segunda pregunta funciona mejor porque proporciona a la IA detalles más específicos. Cuanto más específica sea la entrada, más específica será también la salida. Pero podemos hacer que este prompt de IA sea aún más eficaz.

2. Instrucciones claras

No me di cuenta de lo mal que se me daba hacer preguntas y dar instrucciones claras hasta que empecé a usar ChatGPT. Creía que estaba haciendo preguntas específicas, pero cuando recibía las respuestas, la mayoría eran consejos generales y poco concretos que en realidad no se aplicaban a mi situación.

Las instrucciones claras le indican a la IA qué tarea debe realizar y qué tipo de respuesta desea que le proporcione. No se trata de añadir más información contextual, sino de dar instrucciones. Piense en verbos: explicar, analizar, hacer una lluvia de ideas, resumir, comparar, reescribir, esbozar, evaluar o crear.

Cuando dices *¿Cómo puedo mejorar mi negocio?*, estás haciendo una pregunta, pero no le estás dando a la IA una tarea específica. ¿Debe actuar como consultora y diseñar un plan? ¿Debe enumerar ideas? ¿Debe buscar ejemplos? Tú decides eso a través de tus instrucciones. Cuando tus instrucciones no son lo suficientemente claras, la IA llena los vacíos con respuestas vagas y predeterminadas.

Basándote en el ejemplo anterior, prueba lo siguiente:

> *Tengo una pequeña librería en línea con tres empleados y nuestra retención de clientes ha caído un 15 % en el último trimestre.* ***Actúa como un asesor empresarial y dame un plan de acción de tres pasos para mejorar la retención de clientes.***

¿Ve el cambio? El contexto le dice a la IA con qué está tratando. La instrucción le dice qué *hacer*. Juntos, crean un enfoque, y eso es lo que hace que un prompt sea bueno.

Es posible que notes que es fácil difuminar las líneas entre el contexto y las instrucciones. Se alimentan mutuamente. Proporcionar instrucciones más claras a menudo requiere añadir más contexto. Es posible que desees añadir más información de fondo sobre tu negocio al prompt para mejorar aún más el resultado que recibes. Cuanta más claridad le des al modelo, más enfocado y útil será el resultado.

3. Formato y estilo

Añadir instrucciones de formato y estilo a tu prompt te evita tener que leer un muro de texto cuando solo quieres algo que se pueda escanear o, si estás creando contenido, tener que reescribirlo todo más tarde. Si quieres una lista, pide una lista con viñetas. Si necesitas una publicación de LinkedIn, dilo. Indique a la herramienta si necesita que la salida sea coloquial, con tres consejos y menos de 300 palabras. De lo contrario, es posible que obtenga un ensayo formal cuando lo que quería era algo rápido y fácil de leer.

Para mejorar nuestro ejemplo de solicitud:

> *Dirijo una pequeña librería en línea con tres empleados, y nuestra retención de clientes ha caído un 15 % en el último trimestre. Actúa como un asesor empresarial y dame un plan de acción de tres pasos para mejorar la retención de clientes.* ***Por favor, formatéalo como una lista con viñetas sencilla para que sea fácil de leer.***

4. Restricciones y parámetros

Esta parte de tu prompt funciona como barreras de seguridad. Quizás necesites exactamente 280 caracteres. O tal vez tu público no conozca la terminología del sector. Quizás estés escribiendo para un público global y necesites un inglés sencillo. Enumera los límites, ya sea el recuento de palabras, el nivel de lectura, los requisitos de la plataforma o la información específica que deseas incluir o excluir. Lo mismo ocurre con el idioma (*«escribe en español»*) o la complejidad (*«accesible para no expertos»*).

Nuestro ejemplo, con restricciones añadidas:

> *Dirijo una pequeña librería en línea con tres empleados, y nuestra retención de clientes ha caído un 15 % en el último trimestre. Actúa como un asesor empresarial y dame un plan de acción de tres pasos para mejorar la retención de clientes. Por favor, formatee el plan como una lista sencilla con viñetas para que sea fácil de leer.* ***Evita consejos genéricos como «mejorar el servicio al cliente» o «utilizar las redes sociales». Céntrate en acciones de gran impacto que no requieran un gran equipo o presupuesto, o sea, acciones que generen resultados visibles sin requerir demasiado esfuerzo. Sé breve y específico para que pueda poner en práctica las ideas de inmediato.***

Pasos para construir un prompt

Paso para construir el prompt	Ejemplo
Empieza con una instrucción básica	"Escribe una publicación sobre la productividad"
Añade contexto o público objetivo	"Escribe una publicación sobre la productividad para propietarios de pequeñas empresas que se sienten abrumados"
Añade formato o estructura	"Escribe una guía de 3 puntos sobre la productividad para propietarios de pequeñas empresas"
Aclara el tono o el estilo	"...con un estilo práctico y directo"
Incluye restricciones o límites	"...centrándote en soluciones de bajo costo que no requieran nuevo software"

En caso de duda, utilice los cuatro elementos. Mientras más claros y específicos sean tus prompts, mejor responderá la IA.

Transformación de prompts del mundo real

Profundicemos en este conocimiento con algunos ejemplos más.

Ejemplo 1:

> **Original:** *Escribe una entrada de blog sobre la productividad.*
>
> **Mejorado:** *Escribe una entrada de blog de 500 palabras en un tono informal para Solopreneurs sobre cómo utilizar el bloqueo de tiempo para mantenerse concentrado mientras se trabaja desde casa.*

La primera versión dejará a tu herramienta de IA con dudas sobre la longitud, el público y el enfoque de productividad que debe adoptar. Esta versión añade contexto (Solopreneur y trabajo desde casa), instrucciones claras con una restricción de longitud (escribe una entrada de blog de 500 palabras) y orientación sobre el estilo (tono informal). El resultado es específico y concreto, en lugar de genérico.

Ejemplo 2:

> **Original:** *Crea un plan de entrenamiento.*
>
> **Mejorado:** *Crea un plan de entrenamiento de fuerza de 4 días a la semana para un principiante que quiere desarrollar músculo en casa utilizando mancuernas. Cada entrenamiento no debe durar más de 45 minutos. Incluye un plan de nutrición sencillo para favorecer el crecimiento muscular. No incluyas marisco.*

Esta versión añade contexto (entrenamiento para principiantes en casa con mancuernas), instrucciones claras (crear un programa de fuerza de 4 días), formato (plan semanal) y restricciones (sesiones de 45 minutos y un plan de nutrición sin marisco). El resultado es una guía detallada y práctica, en lugar de una lista de ejercicios genérica.

Ejemplo 3:

> **Original:** *¿Puedes ayudarme a hacer un vídeo de YouTube sobre cómo usar ChatGPT?*
>
> **Mejorado:** *Esboza un guion de 3 minutos para un vídeo de YouTube dirigido a principiantes que explique cómo usar ChatGPT para escribir correos electrónicos más rápido. Utiliza un tono optimista y alentador e incluye tres ejemplos prácticos que los espectadores puedan probar de inmediato.*

La versión mejorada añade contexto (principiantes que aprenden a utilizar ChatGPT para escribir correos electrónicos), instrucciones claras (esbozar un guion de 3 minutos), formato y estilo (vídeo de YouTube, tono optimista) y restricciones (tres ejemplos, duración concisa). Le da a la IA todo lo que necesita para producir algo útil, estructurado y listo para grabar.

Nota de seguridad: cuando trabajes con generadores de texto de IA, no pegues nada que no quieras que aparezca mañana en Internet.

Esto significa que no debes incluir información personal, como tu dirección, número de teléfono o datos financieros, ni datos de clientes. Una vez que pulses Intro, no podrás controlar totalmente dónde pueden acabar esos datos, así que trata las herramientas de IA como un espacio público. ChatGPT, por ejemplo, afirma que no utiliza conversaciones de cuentas de pago para entrenar sus modelos, pero no está diseñado para cumplir los requisitos de privacidad de la HIPAA. Comprueba siempre las políticas de privacidad y datos de una herramienta antes de empezar a crear.

Plantillas de prompts que puedes usar

Tareas como la creación de boletines informativos por correo electrónico, publicaciones en redes sociales y respuestas de atención al cliente funcionan especialmente bien con plantillas reutilizables, y la coherencia que logras marca una gran diferencia. Sin embargo, la escritura creativa y la planificación estratégica suelen beneficiarse de prompts más abiertos que permiten matices, variaciones y tus ideas creativas.

Plantilla de uso general

Actúa como ***[ROL/CONTEXTO]****. Escribe un* ***[FORMATO]*** *sobre* ***[TEMA]*** *para* ***[AUDIENCIA]*** *en un* ***[TONO/ESTILO]****.* ***[RESTRICCIONES/PARÁMETROS]***

Ejemplo: *Actúa como propietario de una pequeña librería de barrio. Escribe un correo electrónico anunciando un nuevo programa de fidelización para los clientes actuales de nuestra librería en un tono amistoso y alentador. No superes las 120 palabras, menciona una ventaja clave y evita el uso de términos técnicos de marketing.*

Plantilla para la generación de ideas

Dame ***[X NÚMERO]*** *de ideas para* ***[OBJETIVO/TAREA]****.*

Esto genera una variedad de opciones para cualquier escenario dado.

Ejemplo: *Dame 7 ideas para actividades virtuales de formación de equipos con Engagement para equipos remotos.*

Plantilla de resumen

Resume este texto en ***[FORMATO]*** *para* ***[AUDIENCIA]****.*

Ejemplo: *Resume este trabajo de investigación en 3 párrafos de forma que sea fácil de entender para cualquiera.*

. . .

Plantilla de reescritura

> *Reescribe esto para que suene más **[PROFESIONAL/PERSUASIVO/INFORMAL]**.*
>
> Ejemplo: *Reescribe este correo electrónico para que suene más profesional y conciso.*

Plantilla de transformación de contenido

> *Convierte esto en una **[LISTA DE VERIFICACIÓN/ENTRADA DE BLOG/PIE DE FOTO EN REDES SOCIALES]** que suene como **[PERSONALIDAD DE LA MARCA/TONO]**.*
>
> Ejemplo: *Convierte esta descripción del producto en un pie de foto para Instagram que refleje el estilo de nuestra marca: amigable, útil y ligeramente humorístico.*

Verás en algunos de los ejemplos anteriores que no siempre es necesario utilizar los cuatro elementos. Si solo estamos resumiendo una investigación o un artículo, no es necesario proporcionar contexto. Al reescribir algo como un correo electrónico, puedes proporcionar contexto, pero es opcional. Tampoco es necesario establecer restricciones para ese tipo de tareas.

Consejo profesional: guardo mis prompts más eficaces en un documento que tengo abierto mientras trabajo. Cada vez que encuentro una variación que funciona especialmente bien, la añado a la colección o sustituyo una versión anterior.

Dado que cada herramienta de IA interpreta las mismas instrucciones de manera diferente, con el tiempo aprenderás qué ajustes funcionan mejor.

Pruébalas tú mismo: practica con los prompts

Toma las siguientes tres prompts vagas e intenta mejorarlas utilizando las estrategias de redacción de prompts que acabas de aprender.

Prompt 1: *Ayúdame a escribir un currículum.*

Prompt 2: *Escribe sobre alimentación saludable.*

Prompt 3: *Haz una lista de ideas de negocios.*

Mejoradas:

Prompt 1: *Estoy solicitando un trabajo de atención al cliente a distancia y necesito un currículum de una página. ¿Me puedes ayudar a redactarlo? Quiero que destaque mis habilidades de comunicación y resolución de problemas, y que suene amigable y seguro. Nada rígido ni demasiado formal. El formato debe ser una lista con viñetas.*

Prompt 2: *Voy a publicar en Instagram tres consejos rápidos sobre alimentación saludable para madres ocupadas. Quiero que el tono sea ligero y práctico. No quiero que suene moralista ni que induzca a la culpa. ¿Puedes escribir un pie de foto de menos de 100 palabras?*

Prompt 3: *Enumera cinco ideas de ingresos extra / Side Hustle económicos y aptos para principiantes que alguien podría empezar este mes utilizando herramientas de IA como ChatGPT o Canva. Incluye una explicación de una línea para cada uno. El formato debe ser una lista numerada.*

Si quieres notar la diferencia por ti mismo, prueba a ejecutar estos ejemplos con tu herramienta de IA.

Intenta aplicar estos mismos principios a tus propios prompts. Pronto verás que tus borradores se generan más rápido y se editan en la mitad de tiempo. Pero, sinceramente, lo más rápido es lanzarse y escribir algunos prompts torpes al principio. Y al final, no hay mejor maestro que la práctica.

Qué hacer cuando los prompts no funcionan

Si tu prompt no te da la respuesta que deseas, no te desanimes. Iterar y resolver problemas forma parte del proceso. Eso no significa que tengas que empezar desde cero cada vez. Los profesionales que llevan años dedicándose a esto siguen perfeccionando sus prompts a través de múltiples intentos. Aquí tienes algunas estrategias prácticas para cuando la herramienta de IA parece confundida o te da resultados insatisfactorios:

- **Intenta reformular tu prompt.** La reformulación suele producir salidas completamente diferentes.
- **Divide las tareas complejas en partes más pequeñas.** En lugar de solicitar una guía completa de resolución de problemas, empieza diciendo: *Enumere los 5 errores más comunes que enfrentan las pequeñas empresas en sus sitios web.* Luego, continúe con:*Para el error n.º 1, escriba 3 pasos claros para solucionarlo.*
- **Sé claro sobre lo que no quieres.** Añade restricciones como *evite el uso de jerga técnica* o *mantenga su respuesta por debajo de 100 palabras* orienta al sistema y establece límites.
- **Muestra, no solo lo digas.** Los ejemplos evitan las explicaciones largas. En lugar de describir el tono que desea, muéstralo: *Escriba con este tono:* ***[EJEMPLO]***
- **Reformula tu enfoque.** Cuando los ajustes no mejoran la salida, cambie todo su enfoque. Los sistemas de IA pueden quedarse atrapados en patrones. En lugar de *escribir una página «Acerca de» para mi negocio de consultoría*, pruebe *con Entreviste sobre mi negocio de consultoría y cree una página «Acerca de» a partir de mis respuestas.*

Consejo profesional: una técnica menos evidente para mejorar los resultados futuros es pedir a las herramientas de IA que escriban mejores prompts para ti.

Después de lograr el resultado que deseas, puedes preguntar: *¿Qué prompt habría obtenido este resultado en el primer intento?* o *Crea una versión avanzada de este prompt que puedas guardar y reutilizar.*

Aquí tienes otro ejemplo:

> **Prompt:** *Basándote en el correo electrónico final que acabamos de crear, escribe un prompt reutilizable que pueda guardar para generar este tipo de correo electrónico de nuevo en el futuro, que incluya todas las instrucciones necesarias sobre la estructura, el tono y la salida.*
>
> **Salida:** *Escribe un correo electrónico de 150 palabras dirigido a propietarios de pequeñas empresas en el que se presente una nueva entrada del blog. Empieza con una pregunta breve y atractiva para captar la atención del lector. Describe brevemente dos consejos o ideas concretas que aprenderán. Termina con una llamada a la acción (CTA) amistosa que enlace con el blog. Utiliza un tono útil y no comercial, como el de un asesor de confianza.*

Como puedes ver en este ejemplo de salida, obtendrá una versión optimizada con todos los elementos necesarios: orientación sobre el tono, requisitos de formato, especificaciones de la audiencia y estructura. Una vez que le pidas a tu herramienta de IA que cree un prompt reutilizable que pueda usar en el futuro, guárdela en un lugar donde pueda encontrarla. Luego, cuando la vuelva a usar, es probable que la refine aún más. Así es como puedes sacarle más partido a las herramientas de IA.

Cómo iterar y perfeccionar tus prompts

Si una respuesta es buena, pero no excelente, o si le falta algo que querías incluir, los prompts posteriores te permiten ajustar lo que ya tienes.

El refinamiento de los prompts es como ajustar el enfoque y la exposición de una cámara. Primero se ajusta la especificidad del rol, luego el tono y, por último, las restricciones de formato. Antes me sentía derrotado cuando mi primer prompt no funcionaba, como si de alguna manera fuera «malo en IA». Empezaba una nueva conversación con un nuevo prompt. Luego me di cuenta de que la iteración es una parte normal y necesaria del proceso. Ahora, en mi proceso de escritura y edición de libros, estoy constantemente refinando.

En el fondo, iterar y refinar consiste en pedir ajustes en lugar de empezar de cero. Responde a la salida de ChatGPT con peticiones de ajuste como *Está bien, pero ¿puedes hacerlo más coloquial?* o *Por favor, amplía el punto n.º 3 con un ejemplo específico.*

Veamos exactamente cómo podría desarrollarse una conversación completa con una herramienta de IA conversacional. Este ejemplo muestra cómo empezar con un prompt sencillo, perfeccionarlo mediante unas cuantas iteraciones rápidas y terminar con una plantilla reutilizable que puedes utilizar siempre que quieras crear publicaciones profesionales en LinkedIn.

Supongamos que quieres compartir una idea o experiencia profesional en LinkedIn, pero no estás seguro de cómo expresarla. Este ejemplo es un poco simplificado, pero muestra el proceso de ida y vuelta que utilizarás en la vida real: probar, refinar y mejorar el resultado hasta que te parezca adecuado y, a continuación, pedirle a la IA que te ayude a convertir esa versión final en un prompt reutilizable que puedas guardar para la próxima vez, para poder saltarte los pasos intermedios.

Paso 1: Prompt inicial

> *Escribe una publicación en LinkedIn sobre algo que hayas aprendido en el trabajo esta semana.*

Ejemplo de salida de IA:

> *Esta semana he aprendido algunas lecciones valiosas en el trabajo. ¡Hay que seguir aprendiendo y mejorando siempre!*

Esta versión es demasiado genérica: no dice lo que realmente has aprendido ni por qué es importante.

Paso 2: Primer prompt de revisión

Escribe una publicación profesional pero coloquial en LinkedIn sobre algo que hayas aprendido en el trabajo esta semana. Incluye una idea concreta y cómo te ha ayudado a crecer.

Ejemplo de salida de IA:

Esta semana me ha recordado lo importante que es una comunicación clara. Una reunión de cinco minutos con mi equipo me ha ahorrado horas más tarde. A veces, los ajustes más pequeños marcan la mayor diferencia.

Es mejor porque es específico y fácil de identificar, pero podría mejorar con una introducción más contundente y una pregunta final que invite a la participación.

Paso 3: Segunda revisión

Escribe una publicación coloquial en LinkedIn sobre algo que haya aprendido en el trabajo esta semana. Empieza con un gancho breve, describe la lección brevemente y termina con una pregunta que invite a otros a compartir sus propias ideas.

Ejemplo de salida de IA:

¿Alguna vez has tenido una charla de cinco minutos que te ha cambiado toda la semana? Esta semana me ha recordado lo importante que puede ser la comunicación rápida. ¿Qué pequeño hábito te ha facilitado la vida laboral?

Ahora la publicación se siente natural y lista para compartir.

Paso 4: Crea un prompt reutilizable

Una vez que hayas perfeccionado una publicación que funcione, puedes pedirle a la IA que la convierta en una versión reutilizable:

> *Basándote en esa versión final, escribe un prompt reutilizable que pueda usar siempre que quiera crear una publicación en LinkedIn en la que comparta una idea profesional o una lección aprendida.*

Ejemplo de salida de la IA:

> *Escribe una publicación conversacional en LinkedIn que comparta una idea profesional o una lección aprendida. Empieza con un gancho breve y llamativo, explica la idea principal en una o dos frases y termina con una pregunta que fomente el engagement.*

Ahora tienes un prompt reutilizable que puedes adaptar cada vez que quieras volver a utilizar la IA conversacional para la misma tarea.

A medida que practiques esto, descubrirás que hay diferentes maneras de hacerlo. En lugar de volver a introducir la versión perfeccionada de tu prompt original cada vez, puedes proporcionar comentarios a tu herramienta de IA, indicando exactamente lo mismo que hemos reflexionado en cada paso. Por ejemplo, después de recibir la primera salida de la IA en el paso 1, responderías: *Esta versión es demasiado genérica. No dice lo que realmente he aprendido ni por qué es importante,* y luego añadirías una instrucción específica al final.

Luego, a medida que modifiques la salida hasta obtener lo que deseas tras varias iteraciones, puedes utilizar el prompt del paso 4 para crear un prompt reutilizable. Las tareas más complejas requieren más rondas de iteración.

Tu base es sólida

Prompting es el lenguaje compartido por casi todas las herramientas de IA, independientemente del tipo de contenido que estés creando. Aprender a escribir prompts sólidos es la clave que desbloquea lo que estas herramientas pueden hacer realmente. Ahora que dominas los fundamentos y sabes refinar y guardar tus mejores prompts, estás listo para pasar a la creación.

En el siguiente capítulo, pondrás en práctica estas habilidades de creación de prompts y empezarás a crear contenido de texto con IA. Trataremos correos electrónicos, entradas de blog, newsletter y mucho más. Después, pasaremos a crear imágenes, audio y otros tipos de contenido. Cada capítulo te guiará a través del uso de estas herramientas y la redacción de buenos prompts, de modo que, al final del libro, te sentirás cómodo creando casi cualquier cosa con prompts de IA.

No es necesario que memorices todo de inmediato. Estas habilidades se harán más fuertes cuanto más las uses. Ten este capítulo a mano como referencia y prepárate para ponerlo en práctica con proyectos reales.

Empecemos a poner en práctica la ingeniería de prompts y veamos cuánto puedes crear.

4

Convertir prompts en contenido escrito real

LA MAYORÍA de los profesionales de los negocios pasan horas cada semana escribiendo correos electrónicos, informes, presentaciones y propuestas. Pero con los conceptos básicos sobre prompt que has aprendido en el último capítulo, junto con las estrategias de este capítulo, verás cómo puedes producir mucho más contenido en menos tiempo y con menos esfuerzo.

En las próximas páginas, nos centraremos en los fundamentos del uso de la IA conversacional para crear contenido escrito útil y aplicable. Eso puede significar tu primera entrada de blog, un correo electrónico rápido o una actualización en las redes sociales.

Comenzaremos con textos más breves, como correos electrónicos y publicaciones en redes sociales, y luego pasaremos a un sencillo proceso de tres pasos para crear contenidos más largos.

Más adelante en el libro (véase el capítulo 11), aprenderás un sistema de redacción profesional completo para convertir borradores sólidos en trabajos excepcionales. Pero antes de llegar a eso, lo importante es dominar los conceptos básicos. Una vez que domines los fundamentos, estarás listo para desarrollarlos y descubrir aún más posibilidades.

Tipos de escritura que la IA puede apoyar

Empecemos por lo que es posible. Aunque la IA puede ayudar con prácticamente cualquier tarea de redacción, algunos formatos funcionan especialmente bien para los principiantes. Aquí tienes tres tipos que puedes dominar rápidamente:

1. **Correos electrónicos y comunicaciones rápidas:** Asuntos que llamen la atención, mensajes con el tono adecuado y respuestas claras y profesionales. Perfecto para actualizaciones rutinarias, solicitudes de reuniones o consultas con clientes.
2. **Publicaciones en redes sociales:** actualizaciones de LinkedIn, hilos de Twitter o pies de foto de Instagram que se ajustan al estilo de cada plataforma.
3. **Publicaciones en blogs y artículos:** desde las ideas iniciales hasta los borradores completos, incluyendo titulares, introducciones y contenido principal. Ideal para liderazgo de pensamiento, las actualizaciones de la empresa o para compartir conocimientos. Es muy útil cuando conoces el tema, pero te cuesta estructurarlo.

Estos tres formatos cubren el 80 % de lo que la mayoría de los profesionales escriben a diario. Domínalos y notarás enseguida cuánto tiempo puedes ahorrar.

Plantillas de contenido breve

Aquí tienes algunas plantillas sencillas para contenido breve que puedes copiar para crear este tipo de piezas por ti mismo (más adelante veremos el proceso de creación de borradores de blogs en dos pasos). Cada plantilla sigue la estructura que aprendiste en el capítulo 3; solo tienes que rellenar los espacios en blanco:

Correos electrónicos

Escribe un correo electrónico ***[TONO]*** *a* ***[PERSONA/GRUPO]*** *sobre*

*[**TEMA**]. Incluye [**CUALQUIER DETALLE ESPECÍFICO**]. No superes las [**NÚMERO DE PALABRAS**].*

Publicaciones en redes sociales

*Escribe una publicación en [**PLATAFORMA DE REDES SOCIALES**] sobre [**TEMA**]. Haz que suene [**TONO**]. No superes **LAS** [**PALABRAS/CARACTERES**].*

Actualizaciones rápidas o anuncios

*Escribe una actualización [**TONO**] para [**PÚBLICO, POR EJEMPLO, EQUIPO, CLIENTES**] sobre [**NOTICIAS O CAMBIOS**]. Incluye [**CUALQUIER MEDIDA O PLAZO**]. Sé conciso.*

Resúmenes de reuniones

*Resume los puntos principales de [**NOMBRE DE LA REUNIÓN O TEMA**] para [**DESTINATARIOS**]. Destaca [**DECISIONES CLAVE, MEDIDAS A TOMAR O PRÓXIMOS PASOS**]. No superes las [**NÚMERO DE PALABRAS**].*

Memorandos o avisos internos

*Redacta un memorándum [**TONO**] para [**DEPARTAMENTO O GRUPO**] sobre [**POLÍTICA, CAMBIO O EVENTO**]. Incluye [**FECHAS O INFORMACIÓN IMPORTANTES**]. Hazlo claro y fácil de leer.*

. . .

Consulta las directrices de tu sector sobre el contenido generado por IA, especialmente si trabajas en el ámbito jurídico, médico, financiero u otros campos regulados. Muchas organizaciones tienen normas específicas sobre divulgación, revisión o restricciones de uso. En caso de duda, consulta primero con tu equipo de cumplimiento normativo.

Una vez que te sientas cómodo utilizando la IA para contenidos breves, estarás listo para dar un paso más. Veamos cómo abordar tareas de redacción más largas con el mismo enfoque sencillo.

Cómo crear contenido extenso

Me di cuenta de todo lo que podía lograr con la IA en mi negocio cuando aprendí a usarla para escribir, en lugar de limitarme a pedirle tareas puntuales.

Solía dejar pasar horas pensando en escribir y editar. Ahora gestiono la misma carga de trabajo en una fracción del tiempo, porque la IA conversacional me ayuda a tener un primer borrador listo que solo necesita ligeras ediciones antes de publicarlo.

Este es el sencillo proceso de tres pasos que utilizo para generar rápidamente entradas de blog, artículos, capítulos de libros y presentaciones de calidad.

Paso 1: Lluvia de ideas y planificación

Este paso de planificación facilita todo lo demás. Empieza con un prompt estructurado que le diga a tu herramienta de IA exactamente qué tipo de ayuda necesitas:

> *Ayúdame a hacer una lluvia de ideas sobre temas para entradas de blog para un sitio web de finanzas personales dirigido a los millennials en 2025. Incluye una mezcla de cinco ideas para principiantes y otras más avanzadas. Da formato a la lista con títulos claros y una descripción de una frase para cada una.*

Este prompt sigue la estructura que vimos en el capítulo anterior:

- **Instrucción:** hacer una lluvia de ideas sobre temas para entradas de blog
- **Contexto/Público:** para un sitio web de finanzas personales dirigido a los millennials en 2025
- **Formato/estilo:** lista con títulos claros y una descripción de una frase para cada una
- **Restricciones/parámetros:** incluye una mezcla de ideas aptas para principiantes y otras más avanzadas

Esto es lo que ha propuesto la herramienta de IA:

Para principiantes

1. Cómo crear tu primer presupuesto sin morir en el intento
Una guía paso a paso para establecer un presupuesto sencillo que se adapte a tu estilo de vida y te ayude a ahorrar sin sentirte limitado.

2. Inversiones 101: qué es el interés compuesto y por qué debería importarte
Explicación clara de cómo el interés compuesto puede hacer crecer tu dinero incluso con aportes pequeños y constantes.

3. Los 5 errores financieros más comunes que cometen los millennials
Consejos prácticos para evitar deudas innecesarias, gastos impulsivos y decisiones financieras mal informadas.

4. Cómo empezar a construir un fondo de emergencia con poco dinero
Estrategias realistas para crear tu primer colchón financiero sin necesidad de ganar mucho.

5. Créditos y puntaje: lo que nadie te explicó en la escuela
Una introducción práctica a cómo funciona el crédito y cómo mantener un buen historial.

Temas intermedios y avanzados

6. Invertir en ETFs y fondos indexados: la estrategia pasiva que está ganando en 2025
Explora cómo los millennials están usando la inversión pasiva para construir riqueza a largo plazo con bajo riesgo.

7. Cómo usar la inteligencia artificial para optimizar tus finanzas personales
Herramientas y apps de IA que te ayudan a presupuestar, invertir y planificar metas financieras de manera automática.

8. El arte de la independencia financiera (FIRE) en tiempos de inflación
Una mirada moderna a cómo alcanzar la libertad financiera ajustando tu estilo de vida y tus inversiones.

9. Estrategias fiscales para freelancers y creadores de contenido
Consejos sobre deducciones, planificación fiscal y cómo evitar sorpresas con Hacienda si trabajas por cuenta propia.

10. Cómo diversificar tus ingresos con inversiones alternativas
Desde bienes raíces fraccionados hasta criptoactivos y crowdlending: las nuevas formas de generar ingresos pasivos.

Elige un tema de la lista que te interese y luego utiliza este prompt para crear un esquema para tu contenido:

> *Crea un esquema detallado para una* ***[ENTRADA DE BLOG/ARTÍCULO]*** *sobre* ***[TU TEMA]****. Incluye 4-5 secciones principales con 2-3 puntos clave en cada una. Longitud objetivo: 1 500 palabras.*

No dudes en conversar con la IA durante este paso. Puedes profundizar más con prompts de seguimiento. Para encontrar ángulos únicos, podrías decir:

> *Toma el tema «productividad del trabajo a distancia» y dame 5 ángulos poco convencionales que ofrezcan perspectivas novedosas que rara vez se ven en Internet. Céntrate en perspectivas relevantes para los profesionales creativos.*

Para identificar lagunas de información, escribe:

> *Revisa este esquema y dime qué preguntas podría tener un lector escéptico que yo no haya abordado:*
>
> ***[PEGA EL ESQUEMA AL FINAL DE LA PREGUNTA]***

Dedicar entre 10 y 15 minutos a esta planificación te ahorrará interminables reescrituras más adelante. Definirás tu enfoque, darás forma a la estructura y detectarás cualquier laguna en el contenido.

Paso 2: Utilizar la IA para crear tu borrador

Ahora verás cómo tus ideas se convierten en contenido real. Este paso crea tu primer borrador completo con todos los puntos principales, ejemplos y estructura en su lugar. No será perfecto, pero existirá, y eso es lo más difícil.

Los borradores sólidos de IA necesitan instrucciones claras. Indícale qué formato quieres (entrada de blog, artículo o informe), quién lo va a leer (principiantes o expertos) y cómo debe sonar (profesional o coloquial). Sin esos detalles, obtendrás contenido genérico que suena como cualquier otro artículo de IA en Internet.

Incluye tu esquema del paso 1. Esto mantiene a la IA enfocada en tu línea de trabajo, evitando resultados genéricos.

En esta etapa, también puedes indicarle a la IA que «actúe como» un tipo específico de escritor o experto. Esto se denomina prompt basado en roles.

Darle un rol a la IA le ayuda a generar contenido con la voz, el nivel de experiencia o el enfoque industrial adecuados para tu proyecto.

> **Ejemplo de prompt:** *Actúa como un escritor de blogs profesional. Escribe un primer borrador para una entrada de blog dirigida a profesionales de entre 30 y 40 años sobre* ***[TEMA]****. Utiliza un tono coloquial. Haz que la introducción sea contundente y termina con una llamada a la acción (CTA) clara. Sigue el esquema que se indica a continuación. Mantén la extensión entre 800 y 1 000 palabras.*
>
> ***[PEGUE SU ESQUEMA AQUÍ]***

Te animo a que pruebes este proceso exacto utilizando estos prompts concretos para que compruebes cómo se ve el resultado final en la práctica.

Paso 3: Mejóralo

El mayor error que comete la gente con la escritura con IA es publicar sin editar. El resultado puede ser gramaticalmente correcto y estar bien formateado, pero aun así sonar a IA. Los lectores cada vez son más hábiles para detectar las señales: frases insulsas, consejos genéricos, palabras de relleno y un tono extrañamente formal, muy distinto al que usamos al hablar o escribir.

La confianza es difícil de ganar y fácil de perder. Si tu contenido parece genérico o artificial, tu audiencia desconectará rápidamente. Por eso este tercer paso es tan importante como los dos primeros. Aquí es donde vuelves a aplicar tu criterio humano al proceso para que el contenido suene natural y auténtico; por eso muchos se refieren a esta fase de edición como la «humanización del contenido».

Debes evaluar y editar los aspectos específicos que suelen faltar en el contenido generado por IA:

- **Estructura y fluidez:** ¿Las secciones se conectan con naturalidad o necesitas mejores transiciones?

- **Profundidad:** ¿Hay áreas poco desarrolladas en las que ejemplos, datos o detalles podrían reforzar el contenido?
- **Precisión:** ¿Son verificables y actuales los hechos, las fechas o las estadísticas?
- **Claridad:** ¿Hay alguna frase confusa, prolija o repetitiva?
- **Tono:** ¿El estilo se ajusta al público al que va dirigido (profesional, informal, persuasivo, etc.)?

Cuando aún estás aprendiendo qué buscar en un borrador de IA, es útil utilizar ChatGPT como un segundo par de ojos. Esto te ayuda a reconocer patrones que la mayoría de los principiantes pasan por alto, como los momentos en que el borrador se vuelve plano o pierde ritmo, se repite, resulta vago o se basa demasiado en frases trilladas como *«en un mundo lleno de cambios constantes...»* o en comenzar cada anécdota con *«imagínate esto»* o *«imagina»*.

Esta plantilla de prompt te ofrece una evaluación clara en las cinco áreas más importantes:

> *Actúa como un editor profesional que revisa un borrador de **[TIPO DE CONTENIDO]**. El público es **[PÚBLICO ESPECÍFICO]**. El objetivo es hacer que este artículo sea **[OBJETIVO, POR EJEMPLO, CLARO, ATRACTIVO Y LO SUFICIENTEMENTE PROFESIONAL COMO PARA SU PUBLICACIÓN EN EL SITIO WEB DE LA EMPRESA]**.*
>
> *Lee el borrador y evalúalo en estas áreas: claridad, estructura y fluidez, profundidad, tono y precisión.*
>
> *Proporciona tus comentarios en forma de lista con viñetas organizada por categorías. Para cada categoría, identifica los puntos fuertes específicos y anota los puntos débiles. Si hay varios problemas, enuméralos todos con sugerencias concisas para mejorarlos. Si no hay problemas importantes en una categoría, indica «No hay problemas importantes» para esa sección.*
>
> *No reescribas el borrador. Simplemente haz una evaluación honesta de sus puntos fuertes y de lo que puede mejorarse.*

Probablemente obtendrás una lista útil de mejoras después de ejecutar este prompt de evaluación. Lo peor que podrías hacer es dejar que tu herramienta de IA haga cambios radicales en tu contenido implementando todas las mejoras recomendadas a la vez. Ahí es donde muchos se complican. Si simplemente copias y pegas tu borrador en ChatGPT con un prompt vago, a menudo obtendrás algo «mejor» en un área, pero peor en otra. Puede que solucione los problemas de claridad, pero aplane tu tono. O que mejore las transiciones, pero introduzca frases incómodas.

Este prompt solo sirve para orientarte sobre en qué áreas puedes mejorar la redacción. Tendrás una lista con viñetas de recomendaciones por categoría, y lo mejor es abordar estas recomendaciones una categoría a la vez, en este orden:

1. Estructura y fluidez
2. Profundidad
3. Precisión
4. Claridad
5. Tono

Los dos primeros pasos consisten en perfeccionar el contenido real; la precisión se refiere a completar ese contenido, y los dos últimos pasos se centran en editar el texto finalizado. Esto significa que puedes añadir o eliminar contenido en las primeras fases, por lo que no conviene editar la claridad y el tono antes de terminar esa parte, para no tener que rehacerlo después.

Para realizar cambios en una categoría cada vez, revisa las sugerencias que haya hecho tu herramienta de IA y repite el proceso en la misma ventana de conversación. Indícale qué cambios quieres implementar, deja que los realice y luego revísalos. Puede que necesites varias iteraciones hasta alcanzar el nivel de calidad que buscas.

Consejo profesional: establece siempre restricciones claras en tus prompts de edición para que la herramienta de IA no se exceda ni reescriba cosas que no le has pedido que toque. Sé específico sobre lo que quieres cambiar y lo que debe permanecer igual. Por ejemplo, indícale que solo mejore la claridad en una sección o que solo ajuste la redacción sin alterar el tono ni la estructura. Así mantendrás el resultado enfocado y evitarás que la IA introduzca nuevos problemas al intentar «ayudar».

Al principio puede llevarte algo de tiempo acostumbrarte al proceso, quizá incluso más del que te tomaría editar manualmente. Pero eso se debe a que todavía estás aprendiendo qué suele necesitar corrección en la redacción con IA. Sé disciplinado y sigue adelante: después de todo, estás aprendiendo algo nuevo. Mejorarás y serás más eficiente a medida que ganes experiencia, y quizá incluso desarrolles tu propio flujo de trabajo de edición.

Errores comunes en la redacción y cómo solucionarlos

Hacer el primer borrador es un gran paso, pero es totalmente normal que el resultado de la IA no sea perfecto. Muchos se entusiasman tanto con que la IA haya creado contenido para ellos que no lo revisan con detenimiento para evaluar la calidad del resultado. Sin las técnicas de prompting adecuadas, la IA conversacional tiende a adornar en exceso, producir contenido superficial con lenguaje figurado innecesario y repetirse.

A continuación, se indican algunos problemas típicos y soluciones prácticas que puedes aplicar de inmediato:

Error: Instrucciones vagas = contenido vago
Solución: Incluye ejemplos específicos, datos o escenarios que quieras que se traten.

Error: Sin esquema = contenido sin rumbo fijo
Solución: Proporciona siempre una estructura, aunque solo sean tres o cuatro puntos clave.

Error: El contenido es demasiado largo o demasiado corto
Solución: Establece un límite de palabras en tu prompt.

Error: Tono incorrecto desde el principio
Solución: Incluye un párrafo de muestra con el estilo que prefieras.

Error: Esperar la perfección en el primer intento
Solución: Planifica dos o tres rondas de prompts para obtener lo que necesitas.

Y, de nuevo, si te tomas el tiempo necesario para escribir un buen prompt, crear un esquema y luego revisarlo, es probable que no te encuentres con ninguno de estos problemas.

Si tu borrador no tiene la longitud que esperabas o el contenido no es lo que querías, este es el momento de ajustar tu solicitud o el esquema original y volver a generar el texto.

Recuerda que también puedes pegar tu borrador en la IA y solicitar un análisis con prompts como *«¿Qué le falta a este borrador para que sea más útil?»* o *«¿En qué parte pierde impulso?»*. La IA puede detectar debilidades que tú podrías pasar por alto y sugerir mejoras específicas.

Pruébalo tú mismo: crea un contenido extenso

¿Listo para poner en práctica lo que has aprendido? Usa el proceso de tres pasos de este capítulo para crear tu propio contenido extenso. Puede ser una entrada de blog, un artículo, una presentación o incluso una guía de recursos para tu equipo.

¡No te saltes este ejercicio! Es el primer paso de un proyecto de varios pasos que completarás a medida que leas este libro. Al final tendrás un producto real que podrás seguir desarrollando y monetizando.

Paso 1: Lluvia de ideas y esquema

- Elige un tema que te interese o que sea relevante para tu trabajo
- Pide a tu herramienta de IA que haga una lluvia de ideas con una lista de ángulos, secciones o subtemas.

- A continuación, pídele a la IA que cree un esquema detallado para el tema elegido.

(Consejo: utiliza las plantillas de este capítulo como guía para tus prompts.)

Paso 2: Redacta tu contenido

- Usando tu esquema, pide a la IA que redacte un primer borrador completo.
- Asegúrate de incluir cualquier instrucción sobre tono, público, formato o longitud.
- Pega tu esquema en el prompt para que se centre en tu estructura.

Una vez que tengas tu borrador, léelo rápidamente. ¿Qué funciona? ¿Qué habría que modificar? Por ahora no te preocupes si ves problemas evidentes o detalles que quieras cambiar. ¡Lo mejor de todo es que acabas de crear algo con una IA generativa! Cada vez que repitas este proceso pensarás de forma más estratégica, te comunicarás con mayor claridad y obtendrás mejores resultados.

En el siguiente capítulo aplicaremos estos mismos principios de prompting a la creatividad visual. Aprenderás a generar imágenes, vídeos y otros recursos multimedia que complementen tu contenido escrito, y verás cómo los prompts de texto pueden impulsar un flujo de trabajo creativo completo.

5

Crea imágenes con IA generativa

SIEMPRE ME SORPRENDE CUÁNTAS personas no saben que la IA generativa no solo te ayuda a escribir. También puedes usar herramientas de IA generativa para crear tus propias imágenes, gráficos y vídeos. Una imagen junto a una entrada de blog, un gráfico en tu feed de LinkedIn, un diseño rápido para una reunión o incluso un vídeo de formación: puedes tomar algo que ya hayas escrito y hacer que la IA genere imágenes complementarias o crear algo desde cero con un buen prompt.

En este capítulo, aprenderás a convertir tu texto en imágenes que se ajusten a tu voz y tu marca (adiós a las imágenes genéricas).

- Convertir tu texto en imágenes que se ajusten a tu voz y tu marca (adiós a las imágenes genéricas)
- Crear contenido visual coherente, aunque el diseño no sea lo tuyo

Toma la entrada de blog o el artículo largo que creaste en el último capítulo. Lo vas a usar para crear una imagen que lo acompañe y, a continuación, convertir ese contenido de texto en un vídeo en el siguiente capítulo. Empecemos.

Generación de imágenes para diversas tareas

Existen muchas formas distintas de usar los generadores de imágenes con IA. Y no es necesario tener dotes artísticas ni considerarte una persona creativa para obtener excelentes resultados. Tanto si tienes una pequeña empresa, estás creando una marca personal, escribes un blog o simplemente quieres mejores imágenes para tus proyectos cotidianos, estas herramientas te permiten generar imágenes de calidad profesional en muy poco tiempo.

Estas son solo algunas de las cosas que puedes hacer:

- Gráficos para redes sociales en cualquier plataforma
- Fotos de productos con aspecto profesional
- Fotos de perfil o avatares para tu negocio, marca personal o equipo
- Imágenes para blogs y boletines informativos
- Folletos o anuncios de eventos
- Ilustraciones de marca para sitios web, canales de YouTube o material impreso

Incluso si nunca has abierto Photoshop o Canva, verás lo rápido que puedes crear algo con un acabado profesional. Tal vez incluso descubras que el arte o la fotografía también son lo tuyo. Lo difícil no es aprender a usar las herramientas, sino decidir por dónde empezar.

Herramientas accesibles para crear imágenes

La mayoría de los principiantes no saben con qué herramienta empezar. A continuación encontrarás algunas de las más comunes y para qué puedes utilizarlas.

DALL-E

Integrado en ChatGPT, DALL-E te permite pasar sin problemas de la creación de contenido de texto a la generación de una imagen terminada sin necesidad de abrir ninguna otra herramienta. Puedes crear avatares, ilustraciones rápidas para blogs o editar fotos existentes subiéndolas y solicitando cambios. Podrías convertir una foto informal tomada con el teléfono en algo divertido, más dramático o completamente inesperado.

Una vez subí una foto de mi perro mostrando su mejor mandíbula inferior y DALL-E lo convirtió en un ejecutivo con traje en una oficina de esquina, con el horizonte de Nueva York detrás y una placa con el nombre «Chief Snuggle Officer» (director de mimos). El resultado fue perfecto.

En breve veremos cómo puedes escribir prompts potentes para DALL-E.

Canva

Esta es una herramienta de diseño gráfico imprescindible para muchos creadores. Por sí sola, técnicamente no es una plataforma de IA, pero puedes usar CanvaAI para generar gráficos para publicaciones en redes sociales, anuncios, invitaciones y presentaciones. Recomiendo usar el texto exacto que quieras incluir en el prompt inicial.

Canva puede tener dificultades para generar texto en los gráficos o combinar correctamente los colores. CanvaAI puede ofrecer un borrador que se aproxima en un 80 % al resultado deseado en cuestión de segundos, y luego puedes ajustar el diseño, los colores o las fuentes para adaptarlos a tu estilo personal.

Leonardo.ai

Esta herramienta es ideal para fotos de productos pulidas o imágenes de marketing cuando no se dispone de un fotógrafo. Puedes crear imágenes coherentes, como una taza de café sobre un fondo blanco o una botella de agua dentro de una bolsa de gimnasio. También puedes subir una foto tuya y hacer que Leonardo la coloque en nuevos entornos, como una taza sencilla sobre una encimera de mármol con luz solar y plantas al fondo.

Consejos para obtener mejores resultados:

- Empieza con imágenes originales sencillas y de alta calidad.
- Superpón los logotipos más tarde con Canva si son pequeños o detallados.

- Procesa las fotos de los productos de una sola vez para ahorrar tiempo.

Midjourney

Otra herramienta preferida por los diseñadores, Midjourney es ideal si quieres imágenes que parezcan sacadas de un libro de arte o si simplemente quieres que tus creaciones tengan un factor sorpresa. Eso sí, siempre que puedas evitar que el sujeto de tu retrato tenga seis dedos o un reloj analógico con catorce horas.

Midjourney es un gran avance respecto a la mayoría de los demás generadores de imágenes con IA. Yo lo uso para portadas de libros, pero también es excelente para banners de YouTube, diseños de camisetas e incluso imágenes de comida. Puedes crear desde escenas fantásticas muy detalladas hasta retratos de alta resolución que parecen humanos reales.

La desventaja es que funciona en Discord, por lo que hay que aprender a utilizarlo. Una vez dentro, se escriben comandos como:

> */imagina una ciudad futurista al atardecer, pintura digital, colores vivos*

Cada prompt te ofrece cuatro variaciones de la imagen que luego puedes perfeccionar. A menudo le pido a ChatGPT que me ayude a redactar mis prompts para que estén optimizados para Midjourney. De esta manera, no desperdicio créditos teniendo que regenerar imágenes porque el primer resultado fue un gran error.

Midjourney tampoco tiene versión gratuita, solo planes de pago. Si solo necesitas una imagen rápida para un blog, quédate con DALL-E o Canva. Si buscas una imagen de marca coherente, vale la pena aprender a usar Midjourney.

Herramientas de IA para crear imágenes

Herramienta	Ideal para	Primer paso	Acceso
DALL-E 3	Imágenes rápidas con texto	Integrado en ChatGPT	Gratis con ChatGPT
Canva	Gráficos para redes sociales	Plantillas gratuitas + IA	Versión gratuita
Leonardo.ai	Fotos de productos	Versión gratuita disponible	Versión gratuita
Midjourney	Imágenes artísticas	Servidor de Discord	Solo de pago

---

Comprobación de seguridad: Hay muchas posibilidades en cuanto a lo que se puede crear e incluso monetizar con estos generadores de imágenes con IA. Solo recuerda que, como con cualquier herramienta de IA, debes evitar subir imágenes personales o sensibles y comprobar los términos de la licencia antes de publicar o vender cualquier cosa que contenga imágenes generadas por IA.

Cada una de estas herramientas puede ayudarte a conseguir resultados diferentes, ya sean imágenes rápidas para un blog o material de marca a gran escala. Una vez que hayas elegido una, la calidad del resultado dependerá directamente de cómo redactes tus prompts.

Cómo redactar mejores prompts para imágenes

Los prompts para imágenes son parecidos, pero también distintos, a los prompts para texto. Conviene ser claro y seguir una estructura similar a la que aprendiste en el capítulo 3. Si solo dices «Haz una imagen de un perro», la IA te dará su propia idea de un perro. Podría ser de cualquier raza y resultar caricaturesco, fotorrealista o algo intermedio. Si quieres un resultado que se ajuste a tu marca, a tu estilo o a tus necesidades específicas, tienes que explicarlo con detalle.

Un enfoque más eficaz es dar a la IA una referencia visual clara:

- **Sujeto:** *un golden retriever con una pelota de tenis*
- **Estilo:** *moderno, minimalista, caricaturesco, vintage, realista, etc.*
- **Esquema de colores:** *azul marino y crema, pasteles suaves, naranja brillante y gris*
- **Iluminación:** *suave luz matinal, cálida luz de ventana desde la izquierda*
- **Ambiente:** *tranquilo, enérgico, amistoso, profesional*
- **Composición:** *retrato centrado, toma desde arriba, paisaje amplio*
- **Propósito:** *publicación en redes sociales, listado de productos, foto de perfil (esto puede afectar al tamaño y la disposición)*
- **Restricciones:** *menciona lo que no quieres: sin fondo recargado, sin texto en la imagen*

No dejes que tu herramienta de generación de imágenes decida por ti. Explica con claridad lo que quieres.

Al combinar todos esos elementos, el prompt quedaría así:

> *Crea una imagen fotorrealista en primer plano de un golden retriever con una pelota de tenis verde brillante en la boca. Utiliza una luz suave y hazla cálida y divertida. Mantén al perro centrado, ajusta el tamaño para una miniatura de YouTube y deja el fondo limpio, sin texto.*

Conviene recordar que sigues incluyendo los cuatro elementos de un buen prompt:

- **Escena:** *una nave espacial brillante aterriza en un bosque brumoso*
- **Estilo:** *dibujos animados, animación 3D, cinematográfico, acuarela*
- **Colores/ambiente:** *pasteles cálidos, luz matutina o colores neón, escena nocturna*
- **Trabajo de cámara:** *toma aérea, zoom lento, vista en primera persona*
- **Duración:** *clip de 10 segundos, cámara lenta, acción rápida*
- **Restricciones:** *sin texto, sin rostros, solo fondo*

Veamos cómo se aplica esa estructura con algunos ejemplos más prácticos:

Publicación en redes sociales

Crea una imagen lista para Instagram de un puesto de mercado repleto de higos frescos, naranjas y ramilletes de lavanda. Utiliza una paleta de colores cálidos y soleados con una suave luz dorada desde la derecha. Mantén un estilo rústico y acogedor, y deja un espacio libre en la parte inferior para superponer texto.

Foto de producto

Crea una imagen cuadrada de una vela de soja vertida a mano en un tarro de cristal esmerilado, colocada sobre una losa de piedra con una ramita de eucalipto cerca. Mantén la iluminación brillante y natural, sin desorden en el fondo. Centra la vela y dispara desde un ángulo ligeramente elevado.

Avatar profesional

Crea un retrato realista y de alta resolución de un hombre de unos 40 años con cabello canoso y barba recortada. Lleva un jersey verde bosque de cuello redondo y sonríe cálidamente. El fondo debe ser hojas otoñales borrosas con un enfoque suave, con una iluminación natural uniforme desde el frente. Mantén la composición centrada, sin texto.

Si todo esto te abruma, recuerda que tu primer prompt no tiene por qué ser perfecto. Siempre puedes probar un prompt y ver qué resultado obtienes. Si la primera imagen no es lo que quieres, dale a tu herramienta de IA comentarios específicos sobre lo que te gustaría cambiar. Si no sabes qué iluminación quieres, empieza por excluirla y luego pide a tu herramienta de IA que genere imágenes con diferentes iluminaciones para que puedas ver cuál te gusta.

Mejorarás con cada intento, y el proceso te resultará cada vez más fácil y natural. La mejor manera de aprender qué funciona es experimentar, ajustar y mejorar tus prompts paso a paso.

Si crear imágenes desde cero te parece demasiado intimidante por ahora, también puedes experimentar con prompts de generación de imágenes subiendo tus propias fotos, especificando cómo quieres que se transformen y solicitando refinamientos. Antes mencioné que usé DALL-E para crear una imagen de mi perro en una oficina de esquina. La refiné pidiendo a DALL-E que añadiera montañas al fondo, cambié el color de la corbata de mi perro y ajusté el ángulo de la imagen.

Edición y perfeccionamiento de imágenes generadas por IA

La primera versión de una imagen generada por IA no siempre sale como se desea. En la mayoría de los casos, el resultado será casi perfecto, pero a veces notarás manos extrañas, objetos deformados o fondos raros. En estos casos, no hace falta crear una imagen completamente nueva (probablemente tendrá problemas similares, aunque distintos). A menudo basta con un pequeño retoque o con ajustar el formato al proyecto.

Empieza con la herramienta de generación y luego usa Canva para hacer ediciones sencillas y rápidas. Magic Studio de Canva (incluido en tu plan Pro) te ayuda a borrar elementos no deseados de tus imágenes, eliminar fondos y utilizar la IA para modificar las características de las imágenes. También puedes recortar, añadir texto o logotipos, ajustar el diseño y cambiar el tamaño para publicaciones en redes sociales o presentaciones.

Mantén la coherencia de tus elementos visuales

Muchas personas terminan con imágenes que no combinan porque cambian de estilo con frecuencia, persiguen tendencias que no se ajustan a su marca o pasan por alto detalles esenciales como la iluminación y la combinación de colores. Incluso pequeños cambios en la iluminación o el color pueden hacer que tu contenido parezca disperso en lugar de coherente.

Si mantienes un estilo, una paleta de colores y un ambiente coherentes, tus imágenes se verán siempre en armonía. Copia estas plantillas y sustitúyelas por tus propios temas.

Plantillas sencillas de prompts para imágenes

Tipo de imagen	Plantilla de prompt
Encabezado de blog o boletín	*"Concepto sobre **[TU TEMA]**, cálido y acogedor, formato horizontal"*
Cita para redes sociales	*"Fondo en tonos pastel suaves, espacio para texto, formato cuadrado"*
Anuncio de evento	*"Diseño festivo para **[TIPO DE EVENTO]**, **[ESQUEMA DE COLORES]**, llamativo"*
Foto de receta	*"**[NOMBRE DEL PLATO]**, toma cenital, mesa rústica, iluminación natural"*
Maqueta de portada de libro	*"Libro de pie sobre una mesa, estilo **[GÉNERO]**, iluminación profesional"*
Miniatura de curso	*"Concepto educativo sobre **[TEMA]**, estilo moderno, visuales atractivos"*

Consejo profesional: ¿Quieres que un conjunto de imágenes parezca una serie? Una vez que hayas definido tu estilo visual, documéntalo y crea una plantilla que puedas usar cada vez, incluyendo estilo, color, ambiente e iluminación.

Pruébalo tú mismo: crea y perfecciona una imagen para tu entrada de blog

Ahora es tu turno. En este ejercicio, crearás y perfeccionarás una imagen principal para la entrada de blog que escribiste en el capítulo anterior. Verás cómo los ajustes de prompt cambian el resultado final en solo unos minutos.

Este ejercicio tiene varios pasos, pero no te preocupes: te llevará entre diez y quince minutos, según tu familiaridad con la herramienta y el número de retoques que quieras hacer.

Vuelve al borrador de la entrada del blog que creaste en el último capítulo. Vas a crear una imagen principal que complemente esa entrada.

1. **Abre ChatGPT** (la versión gratuita es suficiente, aunque tiene un límite diario de imágenes).
2. **Escribe:** *Quiero crear una imagen con DALL-E.*
3. Espera a que ChatGPT confirme que la generación de imágenes está disponible.
4. **Copia y pega este prompt con tu tema insertado:**

   *Genera una imagen profesional para una entrada de blog sobre **[TU TEMA]**. Crea una escena original y realista que represente visualmente el concepto sin añadir ningún texto. Utiliza un estilo y una paleta de colores que se adapten al nicho.*

5. **Ejecuta el prompt y mira qué obtienes.** Ten paciencia: la generación de la imagen puede tardar unos minutos.
6. **Perfecciona la imagen:** cambia un elemento. Prueba una nueva paleta de colores, añade o elimina un objeto, ajusta la iluminación o pide un ambiente diferente. Vuelve a ejecutar el prompt y observa cómo cambia la imagen.
7. Cuando obtengas un resultado que te guste, puedes pedirle a ChatGPT que **cree un prompt reutilizable** para las imágenes principales de futuras entradas de blog, manteniendo el mismo estilo.

   Por ejemplo: *Escríbeme un prompt que pueda usar cada vez que quiera una imagen para una entrada de blog con este mismo estilo y combinación de colores.*

Con esto, podrás crear imágenes que complementen tu contenido y mantengan la coherencia visual de tu marca. Pero las imágenes no son el único tipo de contenido visual que puedes crear con herramientas de IA generativa: también puedes producir vídeos.

En el siguiente capítulo, exploraremos cómo crear vídeos utilizando dos enfoques:

- Herramientas de contenido a vídeo, que transforman tu contenido escrito o guion en vídeos completos.
- Herramientas de conversión de prompt en vídeo, que dan vida a escenas completamente nuevas a partir de tu creatividad y un prompt bien redactado.

Si las imágenes generadas por IA pueden hacer visibles tus ideas, los vídeos generados por IA pueden hacerlas moverse.

6

Creación de vídeos con IA

EL VÍDEO se está convirtiendo rápidamente en el lenguaje común de los negocios, la educación y la comunicación de ideas, y las herramientas de vídeo impulsadas por IA son fáciles de usar y están al alcance de todos. Usadas bien, te permiten transformar tus ideas o contenido en vídeos con aspecto profesional. No es necesario que hayas producido un vídeo antes. Por lo tanto, para emprendedores, creadores o cualquiera que esté cansado de buscar en bancos de imágenes o pagar por grabaciones de vídeo, estas herramientas te abren una opción mucho más práctica.

Estas herramientas son ideales para los tipos de vídeos en los que no quieres invertir días (ni dinero) produciéndolos. Piensa en explicaciones breves, vídeos con avatares, sesiones de formación, demostraciones rápidas o versiones en vídeo simples de tus entradas de blog. Para la mayoría de la gente, no se trata de hacerse viral ni de crear la próxima charla TED. Se trata de hacer llegar tu mensaje de manera rápida y constante, en los lugares donde la gente realmente lo vea, sin tener que dedicar todo tu valioso tiempo a hacerlo.

Hoy la creación de vídeos con IA evoluciona tan rápido que cuesta seguirle el paso. Probablemente, en uno o dos años, la mayoría de la gente no podrá distinguir si un vídeo de formación se grabó en un estudio o se generó con IA.

Hay dos tipos principales de herramientas de vídeo con IA: las herramientas de contenido a vídeo, que convierten tu contenido existente en vídeo, y las herramientas de prompt a vídeo, que generan clips cortos o escenas animadas a partir de un prompt (¿ves ahora por qué dominar los prompts es tan importante?).

Herramientas de contenido a vídeo

Si tienes una entrada de blog terminada o incluso un puñado de notas, ya tienes medio camino hecho para crear un vídeo. Estas son algunas de las herramientas más consolidadas del mercado, cómo funcionan y cuándo son útiles:

Pictory

Pictory toma tu texto, lo divide en escenas y añade imágenes de archivo, música y narración. Puedes intercambiar imágenes, ajustar la sincronización y cambiar los colores para que se adapten a tu marca. Me gusta para vídeos explicativos y publicaciones rápidas en LinkedIn porque es rápido y la calidad es lo suficientemente buena como para no tener que recurrir a un editor de vídeo.

Lumen5

Esta herramienta es ideal para convertir publicaciones con listas o guías paso a paso en vídeos cortos. Solo tienes que pegar tu texto y la herramienta empareja cada punto con imágenes. No es tan personalizable como Pictory, pero es rápida para reutilizar contenido que ya has escrito.

HeyGen y Synthesia

Estas aplicaciones son perfectas si quieres un «presentador» sin aparecer ante la cámara. Puedes elegir un avatar de IA, pegar tu guion y generar un vídeo con una cabeza parlante. Tú controlas la voz, el acento, la vestimenta y el fondo. Es perfecto para actualizaciones empresariales, procesos de incorporación o vídeos explicativos en los que se quiere dar un toque humano sin la molestia de grabar.

Estas herramientas son más útiles cuando:

- Quieres reutilizar contenido escrito.
- Necesitas un vídeo de marca sin edición manual.
- Creas vídeos de formación, preguntas frecuentes o procesos de incorporación con frecuencia.
- Prefieres estar fuera de cámara, pero seguir mostrando un rostro humano.

Herramientas para editar vídeos generados por IA

Al ver el primer borrador de tu vídeo, es posible que notes que el tiempo no coincide, que las transiciones son entrecortadas o que la voz en off no se ajusta perfectamente a las imágenes. Realizar estas ediciones es sencillo con una herramienta de edición de vídeo y audio llamada **Descript**. Puedes cortar secciones incómodas, reorganizar escenas o añadir subtítulos con solo editar la transcripción del vídeo.

Descript tiene funciones de edición con IA que también funcionan con vídeos que no han sido generados por IA. Incluso puedes grabar estos vídeos de ti mismo en la aplicación y luego editarlos. Descript es una herramienta muy útil para editar y reutilizar audio y vídeo en un solo lugar. Poder hacerlo todo con una sola herramienta simplifica mucho tu flujo de trabajo.

Si estás creando vídeos cortos para redes sociales, **CapCut** es otra opción fácil. Te permite recortar clips, ajustar el ritmo y añadir música o identidad de marca desde tu teléfono.

Pruébalos tú mismo: convierte tu entrada de blog en un vídeo con avatar

Convirtamos tu entrada de blog en un sencillo vídeo con avatar usando HeyGen (o una herramienta similar).

1. Regístrate para obtener una cuenta gratuita en HeyGen.
2. Elige un avatar y un fondo que se ajusten a tu tema.
3. Copia los puntos principales de tu entrada de blog (100-200 palabras para un vídeo de 1-2 minutos).
4. Selecciona tu voz y tu idioma preferidos. Ajusta el ritmo si puedes.
5. Genera tu vídeo y revísalo. Cambia el avatar, el fondo o el guion si es necesario.
6. Descarga y comparte tu vídeo en tu blog, redes sociales o sitio web.

Consejo profesional: si el avatar pronuncia mal una palabra o un nombre, modifica el guion o escríbelo fonéticamente.

Es posible que tu primer intento se vea algo forzado o poco natural. Es normal. Estas herramientas están mejorando, pero la verdadera mejora viene de probar, ajustar y volver a intentarlo.

Herramientas de creación rápida de vídeos

¿Quieres crear una escena animada corta o un clip complementario (B-roll) desde cero? El vídeo generado a partir de prompts sigue siendo un campo emergente, pero las posibilidades que ofrece son realmente amplias. Por ahora, estas herramientas suelen limitar la duración del vídeo (normalmente menos de un minuto, a veces solo unos segundos), pero eso probablemente cambiará conforme la tecnología avance. Aprender a usar estas herramientas ahora te ayudará a aprovecharlas antes de que se popularicen.

En lugar de subir un guion, solo tienes que describir lo que quieres ver en el vídeo. La herramienta convierte tus palabras en un vídeo corto, lo que a veces da lugar a escenas animadas, fondos surrealistas o clips estilizados que puedes incorporar a otros proyectos. Estas herramientas son perfectas para dar vida a una entrada de blog o un episodio de pódcast, crear fondos animados para transmisiones en directo o páginas de ventas, o cubrir los espacios en blanco de tus vídeos de YouTube cuando no hay buenos vídeos de archivo.

Entonces, ¿cómo elegir una herramienta para lo que quieres crear?

. . .

Runway Gen-2

Con esta herramienta puedes generar clips con estilo cinematográfico en prácticamente cualquier formato, desde el estilo retro de película hasta la imagen moderna de identidad de marca. Permite reproducir animaciones en bucle, editar material existente, sustituir fondos o intercambiar objetos en mitad de una escena. Funciona bien para intros de YouTube, ganchos de TikTok y fondos de marca. Es una de las herramientas de texto a vídeo más conocidas y puede procesar prompts largos o detallados. Esto es útil porque puedes describir una escena completa de una sola vez, en lugar de dividirla en prompts más breves y unir después varios clips cortos. Es perfecta si sabes exactamente lo que quieres crear.

Kaiber

Kaiber convierte imágenes estáticas o música en animaciones. Puedes animar una sola imagen, sincronizar imágenes con una canción o crear sutiles gráficos en movimiento para publicaciones en redes sociales. Resulta útil para explicaciones sin rostro, vídeos musicales o animaciones de marca.

Genmo

Si necesitas una herramienta que pueda crear clips cortos para insertar en proyectos más grandes, Genmo puede ser justo lo que necesitas. Piensa en ella como una forma de generar rápidamente material de archivo o fragmentos estilizados que añadan variedad a una presentación, un vídeo de YouTube o una publicación en redes sociales. Puedes experimentar con ángulos de cámara, ambientes y estilos, y luego guardar los clips que funcionen e insertarlos directamente en tu contenido. Al igual que Runway Gen-2, procesa bien prompts extensos.

Pika Labs

Los creativos y los profesionales la utilizan para crear vídeos explicativos claros y animaciones paso a paso. Puedes ilustrar flujos de trabajo complejos o dar movimiento a diagramas estáticos para facilitar su comprensión. Las prompts cortas ofrecen mejores resultados con esta herramienta, lo que la hace ideal para principiantes que quieran experimentar.

Synthesia (función Scenes)

Dentro del producto Synthesia, esta función te permite convertir diapositivas sencillas en demostraciones animadas de productos, flujos de procesos de incorporación o microcursos. Los usuarios pegan guiones para avatares o narraciones en lugar de describir una escena en texto libre. De esta manera, técnicamente es más una herramienta de «guion a vídeo». Puedes combinar avatares, imágenes y texto en una secuencia cohesionada con transiciones fluidas.

Herramientas de IA para crear vídeos

Herramienta	Mejor para	Cómo empezar	Acceso
Runway Gen-2	Crear intros únicas para YouTube, clips para redes sociales y fondos personalizados	Genera clips cortos con estilo cinematográfico eligiendo el tipo y el ambiente, y luego ajusta la duración y el encuadre	Plan gratuito disponible (exportaciones limitadas, marca de agua). Planes de pago desde 12 USD / ≈ 11 EUR al mes
Kaiber	Animar imágenes fijas o crear vídeos musicales sincronizados con audio	Sube una imagen o canción, elige un estilo y revisa las opciones de animación	Plan gratuito con marca de agua. Planes de pago desde 10 USD / ≈ 9 EUR al mes
Genmo	Crear conceptos de vídeo rápidos para presentaciones o storyboards	Diseña ideas visuales breves y experimenta con estilos antes de la producción completa	Plan gratuito con límites; plan Pro desde 15 USD / ≈ 14 EUR al mes
Pika Labs	Vídeos explicativos y visualizaciones paso a paso	Elige un guion o storyboard y deja que Pika genere automáticamente las escenas	Plan gratuito (resolución limitada); planes de pago desde 9 USD / ≈ 8 EUR al mes
Synthesia (función Scenes)	Demostraciones animadas de productos y tutoriales paso a paso	Crea "escenas" para animar instrucciones sin necesidad de grabar vídeo	Sin plan gratuito; planes de pago desde 29 USD / ≈ 27 EUR al mes

Redacción de prompts eficaces para vídeos

Para obtener los mejores resultados, considera incluir los siguientes elementos en tus indicaciones para la generación de vídeos:

- **Escena:** *una nave espacial brillante aterriza en un bosque brumoso.*
- **Estilo:** *dibujos animados, animación 3D, cinematográfico, acuarela.*
- **Colores/ambiente:** *pasteles cálidos, luz matutina o colores neón, escena nocturna.*
- **Trabajo de cámara:** *toma aérea, zoom lento, vista en primera persona.*
- **Duración:** *clip de 10 segundos, cámara lenta, acción rápida.*
- **Restricciones:** *sin texto, sin rostros, solo fondo.*

A veces, la forma más sencilla de lograr buenos resultados con las herramientas de vídeo de IA es empezar con una imagen mental clara de lo que quieres y luego describirla para que la IA también pueda «verla». Cuanto más sensorial y específico seas, más original será el resultado. Aquí tienes algunas ideas para inspirarte:

Introducción sin caras en YouTube

> *Clip de 10 segundos de una medusa brillante flotando a través de un cañón submarino de coral bioluminiscente. Azules y morados intensos, deslizamiento cinematográfico lento, sin texto.*

Fondo para redes sociales

> *Animación de 7 segundos de polvo esmeralda, dorado y carmesí girando en cámara superlenta sobre un fondo negro. Bucle suave, sin texto.*

Bucle de pódcast

Bucle continuo de 15 segundos de una llama de vela que se transforma en una aurora en verde azulado y magenta. Transiciones suaves, fondo oscuro.

Escena educativa

Animación de 12 segundos de placas tectónicas desplazándose para formar una cordillera. Estilo educativo limpio, sección transversal en capas, fondo neutro suave.

Avance de producto

Macrofotografía de 8 segundos de miel goteando desde una cuchara de madera a un frasco transparente. Retroiluminado con una cálida luz dorada, poca profundidad de campo, sin texto.

Una vez más, seguimos utilizando instrucciones, contexto, formato o estructura, restricciones y parámetros en nuestros prompts para la generación de vídeos. Si no sabes por dónde empezar, describe lo que te gustaría ver como toma inicial de un vídeo de YouTube o como un breve reel de Instagram. Una vez que veas el primer resultado, puedes modificar el prompt para ajustar la iluminación, el movimiento de la cámara o el estilo, tal como hiciste con las imágenes. Repetir este proceso te ayudará a entender rápidamente qué funciona.

Como mencioné anteriormente, este es todavía un campo emergente. Los resultados pueden variar: a veces serán asombrosos y otras un poco extraños. Prepárate para probar varias indicaciones diferentes y ver cuál funciona mejor.

Por ahora, utiliza estos clips como material adicional, introducciones o elementos visuales atractivos, no como contenido principal.

Consejo profesional: si estás creando vídeos generados por IA (especialmente aquellos con avatares o voces en off), considera ser transparente con tu público sobre cómo se hicieron. En contextos como el contenido educativo, el periodismo o la formación dirigida a clientes, es posible que los espectadores quieran saber si la persona que aparece en pantalla es real o un avatar de IA.

Es sorprendentemente fácil dañar la confianza y la relación con tu público o tus clientes si te saltas este paso. Además, consulta las leyes locales y las normas de la plataforma, ya que algunas regiones exigen que se revele si el contenido generado por IA puede confundirse con una persona real. Igual que con el texto o las imágenes, evita incluir información personal en los guiones, fotos o vídeos de referencia que subas.

¿Te gustaría seguir avanzando? En los dos próximos capítulos, aprenderás a utilizar la IA para crear audio, como locuciones rápidas o pódcasts completos, para que puedas seguir ampliando tu kit de herramientas de generación de contenido.

7

El poder del audio con IA

EL PÓDCAST de Arnold Schwarzenegger es un excelente ejemplo de cómo puede aprovecharse la IA de audio. Cada episodio suena auténtico, desde la voz y el acento hasta el ritmo, aunque él no haya grabado ni una sola palabra. Si no lo supieras, jurarías que es él quien está frente al micrófono. Algunos estaban convencidos de que era él y se sorprendieron al descubrir que en realidad era «Arnold Intelligence» quien les había estado dando consejos inspiradores sobre salud y bienestar durante meses.

Sin embargo, en cada episodio, la voz de Arnold dice: «Estoy utilizando el poder de las máquinas para ayudarme a ofrecer noticias, información y apoyo que te harán más saludable. No soy un ser cibernético, pero tengo la importante misión de construir un rincón positivo en Internet y mejorar el mundo». *(Arnold y su equipo comprenden la importancia de la transparencia).*

Crear contenido de audio con IA es completamente diferente de los métodos tradicionales. Hoy puedes crear narraciones, música y diseños de sonido de alta calidad directamente desde tu portátil. En pocos minutos, se pueden generar voces en off naturales, componer bandas sonoras o piezas musicales personalizadas y diseñar efectos de sonido originales o marcas sonoras.

Este capítulo y el siguiente cubren tres áreas clave donde la IA generativa está transformando la producción de audio: la síntesis de voz, la generación de música y el diseño de sonido. Descubrirás cómo funcionan estas herramientas, cómo pueden ayudarte y cómo integrarlas en tu flujo de trabajo.

Si estás creando una audiencia, impartiendo formación o simplemente quieres dar un toque profesional a tu contenido, hay herramientas económicas y fáciles de usar a tu alcance. Y con lo rápido que avanza la IA generativa, estas herramientas seguirán mejorando.

Cómo las herramientas de voz con IA simplifican la producción

Las herramientas de generación de voz eliminan muchas de las limitaciones que solían ralentizar la producción de audio. Si no puedes permitirte un equipo de grabación o edición, ya no son necesarios. Si necesitas publicar contenido de calidad rápidamente, puedes hacerlo. Solo cuesta unos pocos euros al mes y algo de experimentación producir audio con calidad profesional. Además, con estas herramientas puedes editar, actualizar y personalizar tu contenido con unos pocos clics.

Supongamos que estás creando un módulo de incorporación para nuevos clientes. En lugar de contratar a un actor de doblaje o grabarte a ti mismo en una sola toma, puedes redactar el guion, probarlo con diferentes voces, ajustar la entrega hasta que encaje con tu marca y regenerar el audio cada vez que revises el texto.

El resultado: puedes publicar más rápido, mantener un estilo coherente y probar nuevas ideas sin gastar de más. Una vez que lo pruebes, volver al método tradicional te parecerá lento, caro y poco práctico.

La mayoría de las herramientas de generación de voz se dividen en tres categorías:

- **Bibliotecas de voces preestablecidas** con una amplia selección de voces que puedes ajustar en tono, velocidad y estilo.
- **Voces personalizadas o clonadas** a partir de grabaciones que tú proporcionas. La IA puede replicar tu voz o la de otra persona (con su consentimiento).
- **Voces multilingües** que pueden reproducir el mismo guion en varios idiomas, para que puedas llegar a un público más amplio.

Cada categoría tiene sus ventajas y desventajas. Las bibliotecas preestablecidas son la forma más rápida de empezar; las voces personalizadas o clonadas requieren más configuración, pero se adaptan perfectamente a tu marca; y las voces multilingües te permiten grabar una sola vez y publicar en varios idiomas.

Tómate un momento para pensar en el trabajo que supondría traducir tu contenido a tres nuevos idiomas de la forma tradicional. Tendrías que contratar a un narrador, grabar cada versión por separado, editar el audio y sincronizarlo todo para que suene coherente. Es fácil entender por qué estas herramientas resultan tan ventajosas.

Las mejores herramientas de generación de voz del mercado

Las siguientes opciones funcionan de forma fiable en flujos de trabajo reales de creadores, educadores y emprendedores. Tanto si estás produciendo un pódcast, un vídeo de formación o un audiolibro, estas herramientas cubren casi todos los casos de uso.

ElevenLabs

Si tienes contenido escrito, como libros o tutoriales, que deseas transformar en audio, ElevenLabs es el líder del mercado en narraciones con el sonido más humano posible. Funciona muy bien para contenidos largos, como audiolibros, cursos o documentales. Sus funciones te permiten personalizar el audio según tu contenido; puedes generar una narración cálida y cercana o un tono más formal. Por su calidad y versatilidad, los resultados destacan sobre la mayoría.

PlayHT

Esta herramienta es más adecuada para contenidos más cortos, como anuncios publicitarios, demostraciones de productos o vídeos sociales. Tienes acceso a cientos de voces en más de sesenta idiomas, con muestras que puedes escuchar antes de elegir. La variedad de acentos e idiomas la hace ideal para proyectos dirigidos a diferentes regiones. Para una narración más emotiva o matizada, ElevenLabs puede sonar más natural.

Murf.ai

Murf.ai funciona mejor cuando necesitas actualizar con frecuencia tus grabaciones, como módulos de aprendizaje electrónico, guiones de incorporación o vídeos explicativos. El editor integrado de la herramienta te permite cambiar una frase, corregir una palabra o ajustar el ritmo sin tener que volver a generar toda la grabación. La biblioteca de voces es más pequeña que la de PlayHT y menos expresiva emocionalmente que la de ElevenLabs, pero es clara, coherente y fácil de revisar. Es perfecta para contenidos que cambian con frecuencia.

Herramientas de IA Generativa para Audio

Herramienta	Mejor para	Cómo empezar	Acceso
ElevenLabs	Narraciones largas (audiolibros, cursos, documentales)	Prueba un guión breve con 2 – 3 voces distintas y ajusta la estabilidad y el estilo hasta que coincida con tu tono	Planes de pago; versión gratuita con créditos limitados
PlayHT	Contenido corto (anuncios, demostraciones de producto, vídeos sociales)	Prueba varias voces en el idioma o acento deseado y ejecuta un guión de prueba con nombres o jerga de marca	Planes de pago; prueba gratuita disponible
Murf.ai	Contenido que se actualiza con frecuencia (formación en línea, onboarding, vídeos explicativos)	Importa tu guión, selecciona una voz y prueba intercambiar frases para ver qué tan rápido puedes hacer cambios	Planes de pago; prueba gratuita disponible

Las tres herramientas te permiten clonar tu propia voz para generar nuevas grabaciones que suenen exactamente como tú. Solo tienes que subir una muestra de audio clara y la IA entrenará un modelo para que coincida con tu tono, tu altura de voz (pitch) y tu estilo al hablar. La calidad del clon dependerá directamente de la nitidez y calidad de tu muestra de audio. Algunas herramientas incluso pueden usar tu clon de voz para producir contenido en varios idiomas. Es toda una experiencia escuchar tu voz hablando con fluidez en un idioma que nunca has aprendido.

Consejo legal: no utilices la voz de otra persona ni un clon convincente creado por IA sin su permiso.

En muchos lugares, eso puede violar las leyes de privacidad, los derechos de publicidad o las protecciones de propiedad intelectual. Si utilizas una voz proporcionada por una plataforma de IA, puedes asumir que tienes licencia para usarla, pero eso no se extiende a clonar la voz de una persona real sin su consentimiento. Obtén siempre permiso por escrito si vas a generar audio que reproduzca la voz de una persona real y consulta las leyes locales antes de publicarlo.

Un flujo de trabajo práctico para la generación de voz con IA

Así es como suelo lograr que las voces en off generadas por IA suenen naturales y profesionales en ElevenLabs. Puedes seguir estos pasos con cualquier herramienta de generación de voz:

1. Empieza con un guion pulido.
Tu voz en off solo sonará tan bien como tu guion. Léelo en voz alta para detectar frases incómodas, transiciones que falten o errores gramaticales y de puntuación. Una coma fuera de lugar o un punto omitido pueden alterar el ritmo del audio y hacer que suene poco natural. Unas correcciones rápidas al principio marcan una diferencia enorme, porque ninguna voz de IA puede corregir una frase que no suena natural.

2. Elige una voz que se adapte a tu público.
Piensa en quién te escucha y a qué tono responderá. Una voz cálida y coloquial funciona muy bien para tutoriales o pódcasts, mientras que una voz nítida y segura puede ser más adecuada para contenidos de

formación o empresariales. Evita elegir una voz solo porque suene genial. Adáptala a tu mensaje y a tu marca.

3. Establece el tono y el ritmo.

Cada proyecto requiere un ritmo distinto. El contenido instructivo o educativo se beneficia de un ritmo más lento y deliberado para que el oyente pueda seguirlo. Para narraciones informales, anuncios optimistas o introducciones de YouTube, una entrega ligeramente más rápida mantiene la energía alta. La mayoría de las herramientas te permiten ajustar esto, así que prueba varias velocidades antes de decidirte.

Muchas plataformas incluyen controles de *estilo* o *emoción*: úsalos. Experimenta con tonos tranquilos, amigables o enérgicos hasta que la narración te parezca adecuada. Si tu tema es serio o emotivo, un énfasis sutil en las frases clave puede ayudar a que tenga más impacto.

4. Prueba con segmentos cortos.

Antes de renderizar el guion completo, haz una prueba breve utilizando cualquier marca, acrónimo o palabra extranjera que pueda ser difícil de pronunciar. Ajusta la ortografía o añade pistas fonéticas si es necesario. Corregir esos detalles ahora te ahorrará tener que regenerar todo el proyecto más adelante.

Genera y revisa unos pocos párrafos cada vez antes de producir la grabación completa. Esto facilita detectar problemas de ritmo o inflexiones extrañas. Una vez que una sección suene bien, guárdala y pasa a la siguiente.

5. Genera el audio completo.

Este paso es sencillo y rápido. Una vez que estés satisfecho con las secciones de prueba, genera la pieza completa.

Cuando completes este proceso, tendrás un método que podrás repetir fácilmente: económico, rápido y coherente. Escucha atentamente la grabación completa de principio a fin. Es posible que notes pequeñas áreas que podrían ajustarse, como una pausa demasiado larga, un nombre mal pronunciado o una línea que necesita más énfasis. No te preocupes: no hace falta que aprendas un programa de edición complejo ni que regeneres todo el archivo. La mayoría de los ajustes se pueden hacer directamente en tu herramienta de IA con solo unos pocos clics.

Cómo editar y exportar audio generado por IA

La edición debe hacerse después de generar y revisar la voz en off completa. Incluso con una prueba previa, una vez que generas todo el contenido pueden aparecer pequeños problemas de ritmo, cambios de tono o frases poco naturales, especialmente en piezas más largas como pódcasts o voces en off.

Edición dentro de ElevenLabs (o una herramienta similar)

ElevenLabs te permite controlar directamente el ritmo, el tono y la pronunciación. Puedes:

- Ajustar la velocidad y la estabilidad para que la voz suene más suave o más expresiva.
- Modificar la claridad para obtener una articulación más nítida o una pronunciación más suave.
- Añadir o eliminar pausas insertando signos de puntuación o etiquetas como [pausa] directamente en el guion.
- Corregir pronunciaciones incorrectas modificando la redacción o utilizando ortografía fonética para los términos difíciles.
- Regenerar secciones cortas en lugar de todo el archivo si solo quieres refinar una línea o un párrafo.

En general, si notas que el tiempo, el énfasis o la pronunciación de una palabra no suenan bien, ajústalos en ElevenLabs. Ahí es donde se crea la interpretación y donde los cambios realmente afectan al sonido.

Cuándo utilizar Descript

Si estás creando proyectos más largos o mezclando varios elementos, en ese punto Descript resulta especialmente útil. Está diseñado para reunir todo una vez que la narración está completa. Puedes:

- Recortar los espacios o silencios entre secciones.
- Añadir música de introducción o de fondo para dar un toque final.
- Equilibrar los niveles de volumen entre la narración, la música y los efectos.
- Combinar varios archivos de voz en una sola pista sin interrupciones.
- Crear clips más cortos para redes sociales, pódcasts o lecciones.

En cierto modo, ElevenLabs es como una cabina de grabación y Descript es una sala de edición. No necesitas usarlos siempre, pero juntos hacen que pasar del primer borrador al audio final sea mucho más fácil.

Exportación del audio

Para la mayoría de los proyectos, un archivo MP3 es perfecto: es ligero y está listo para cargarse en cualquier lugar. Si tienes pensado mezclar tu audio con música en una herramienta como Descript o añadir efectos de sonido más adelante, expórtalo como archivo WAV para obtener mayor calidad y facilitar la edición.

Dale vida a tus palabras

Ahora ya has visto lo fácil que es para las herramientas de IA dar voz a tu contenido escrito. Ni siquiera necesitas un micrófono. Cuanto más experimentes con el ritmo, el tono y la entonación, más naturales serán los resultados.

En el siguiente capítulo, exploraremos cómo la IA puede generar composiciones musicales completas y diseño de sonido. Combinar música con narración de audio o vídeo puede ayudarte a añadir ritmo, ambiente y atmósfera a tu contenido.

8

Creación y mezcla de música con IA generativa

EN 2019, la banda de pop independiente YACHT lanzó un álbum llamado *Chain Tripping*, creado con la ayuda de la IA. El álbum se realizó con la ayuda de varias plataformas de IA, entre ellas Amper Music, IBM Watson Beat, Google Magenta y AIVA. Southern se encargó de la dirección creativa, escribió las letras y las melodías y aportó la visión artística, mientras la IA se encargó de generar las composiciones instrumentales y los arreglos.

Un año antes, la artista Taryn Southern lanzó *I AM AI*, el primer álbum compuesto y producido por completo con IA. Herramientas como Amper Music y AIVA generaron las melodías, armonías y arreglos, mientras Southern dio forma a la visión creativa y a la producción final.

En aquel entonces, la música generada por IA todavía necesitaba mucho trabajo humano antes de poder publicarse con calidad profesional. Hoy, muchas herramientas pueden generar pistas casi terminadas desde el primer intento, y ahora tienes mucho más control sobre el estilo, los arreglos y el tono emocional.

No es necesario ser músico o productor para crear música con IA. Si lo eres, podrás explorar sonidos, géneros y arreglos que quizá nunca habrías probado. Puedes escuchar de inmediato instrumentos que no posees, mezclar estilos que serían difíciles de lograr en un estudio tradicional y experimentar con ideas creativas sin preocuparte por los costos o la organización de las sesiones de grabación. La IA puede ayudarte a descubrir nuevos caminos sonoros y, al mismo tiempo, te permite moldear el resultado final.

Tu caso de uso puede ser mucho más sencillo que un álbum completo. Quizás solo necesites unas cuantas pistas personalizadas para complementar tu contenido o quieras añadir un sonido único a algo que ya estás produciendo. Las herramientas de IA de audio pueden crear distintos recursos sonoros que puedes integrar en tus proyectos:

- Música de fondo para vídeos, pódcasts, cursos y transmisiones en directo.
- Música temática que refuerza la identidad de tu marca en todas las plataformas.
- Bucles y stems para contenido de redes sociales, anuncios publicitarios o demostraciones de productos.
- Bandas sonoras adaptables capaces de modificar el tempo o el estilo en tiempo real según los eventos de un juego o medio interactivo.

Como la música se genera a partir de tus prompts, no estás limitado a las pistas prediseñadas. Puedes establecer el tempo, elegir los instrumentos, definir el estado de ánimo e incluso adaptar la estructura de la música a las señales visuales o al contenido hablado. Y como las licencias suelen estar integradas en la plataforma, te evitas las complicaciones de la gestión tradicional de derechos.

La clave está en adaptar la herramienta a tu intención creativa.

Las mejores herramientas de música con IA

La verdadera innovación de la música con IA no está solo en pulsar «generar», sino en los modelos que la hacen posible. No todos los modelos son iguales, por lo que es importante elegir la herramienta adecuada para el sonido que buscas. Cada plataforma tiene su propio estilo y sus ventajas. Algunas destacan por su profundidad cinematográfica, otras por su producción rápida y flexible.

Soundraw

Al igual que ElevenLabs te permite crear una voz que suena única, Soundraw te permite dar forma a música que parece hecha específicamente para tu proyecto. Puedes elegir el género, el estado de ánimo y la duración que desees, y luego realizar cambios iterativos modificando la estructura de la música, intercambiando y ajustando secciones específicas. Es ideal para vídeos explicativos, contenido de identidad de marca o cualquier proyecto que necesite coherencia visual y sonora. La licencia estándar cubre la mayoría de los casos de uso en línea (incluidos YouTube, redes sociales y pódcasts). Sin embargo, si tienes previsto vender la música, utilizarla en productos descargables o incluirla en software o plantillas comerciales, necesitarás derechos ampliados.

Aiva

Si tu proyecto necesita un toque emocional y cinematográfico, como tráilers, segmentos dramáticos de pódcasts o cortometrajes, Aiva es una excelente opción. Puedes empezar con un estilo preestablecido o darle una melodía o una progresión de acordes sobre la que construir. Es un poco más lento de ajustar que otras herramientas más ágiles, pero la profundidad y riqueza de sus arreglos pueden hacer que la pieza suene mucho más completa.

Boomy

Boomy resulta útil cuando necesitas rapidez más que control de detalle. Si buscas pistas de fondo para publicaciones en redes sociales, demos rápidas o clips de marketing breves, puedes generar una canción en segundos y hacer pequeños ajustes. También es una forma sencilla de experimentar con el lanzamiento de pistas creadas por IA en plataformas de streaming, aunque la calidad es más básica que profesional. Es una buena herramienta inicial si apenas estás explorando la creación musical con IA.

Epidemic Sound

Aunque no es una herramienta de IA generativa, vale la pena incluir Epidemic Sound en tu repertorio de herramientas para esos momentos en los que la IA no logra el sonido que buscas. Su biblioteca con licencia completa incluye pistas individuales, por lo que puedes aislar o sustituir elementos fácilmente. Puede que te sorprenda ver una plataforma que no es de IA en un libro sobre IA generativa, pero combinar métodos de IA con técnicas tradicionales suele ofrecer los mejores resultados. Puedes empezar con una pista generada por IA y luego mejorarla con capas de alta calidad para obtener un acabado profesional.

Herramientas de IA para Crear Música

Herramienta	Mejor para	Cómo empezar	Acceso
Soundraw	Crear música personalizada sin componer desde cero	Elige el género, el estado de ánimo y la duración del proyecto, y ajusta la estructura y los instrumentos hasta que coincidan con tu visión	Planes de pago; prueba gratuita disponible
Aiva	Música emocional o cinematográfica (tráilers, podcasts dramáticos, cortometrajes)	Elige un estilo predefinido o sube una melodía o progresión de acordes y ajustala para lograr ritmo y emoción	Planes de pago; versión gratuita limitada
Boomy	Creación ultrarrápida de pistas para redes sociales o demostraciones rápidas	Selecciona un género, genera una canción en segundos y haz pequeños ajustes antes de publicarla o probarla	Planes gratuitos y de pago
Epidemic Sound	Música con licencia para combinar flujos de trabajo con IA y material de archivo	Busca por estado de ánimo o instrumento, descarga pistas y combínalas con música generada por IA para un resultado profesional	Suscripción de pago

Consejo profesional: al igual que con otras formas de contenido generado por IA que hemos comentado hasta ahora, conviene ser transparente cuando usas audio o música generados por IA en tu contenido.

Esto es especialmente importante en contextos como la formación, el trabajo con clientes o el contenido dirigido al público. Es un paso sencillo que contribuye enormemente a mantener la confianza y la credibilidad de tu audiencia.

Cómo utilizar las herramientas de música generadas por IA para obtener excelentes resultados

Cada generador de música con IA trabaja de forma distinta. Algunas herramientas como **Suno**, **Udio** o **Mubert** te permiten escribir prompts igual que en ChatGPT o Midjourney. Puedes describir el género, la emoción, los instrumentos, la estructura y el nivel de energía con descripciones simples en inglés.

Otras, como Soundraw o Aiva, utilizan menús desplegables para elegir el género, el estado de ánimo y el tempo en lugar de escribir una descripción completa. Y algunas, como Mubert Studio, combinan ambos métodos: se elige un estilo base y luego se refina con un breve prompt de texto.

Sea cual sea la interfaz, el objetivo es el mismo: expresar cómo quieres que suene la música. Si tu descripción es imprecisa, la música también lo será. *Pop alegre* u *orquesta cinematográfica* producirán algo genérico que podría encajar en cualquier biblioteca de música libre de derechos. Es posible que las pistas suenen correctas, pero sin mucha emoción, con progresiones de acordes y bucles predecibles.

El objetivo no es solo crear música, sino crear algo que suene como tuyo, algo que encaje naturalmente con tu contenido y tu marca. La diferencia entre algo utilizable y algo auténtico casi siempre depende de qué tan específico sea tu prompt.

Así puedes conseguirlo:

1. Empieza por el estado de ánimo.
Pregúntate qué quieres que sienta tu público al escuchar esta pista: ¿calma, energía, concentración, inspiración? Esa emoción es el ancla para todo lo demás.

2. Añade un escenario o una historia.
Imagina que describes una escena de película a un compositor. En lugar de «rock enérgico», di: *rock de alta energía con ritmo de batería constante y riffs de guitarra brillantes, como si una multitud aplaudiera en un festival de verano.*

3. Sé preciso con los instrumentos.
Si sabes lo que te gusta, dilo: piano, guitarra acústica, cuerdas, sintetizadores suaves. Cuanto más preciso seas, menos genérico sonará tu tema.

4. Piensa en la estructura.
¿Quieres un fondo en bucle constante, una progresión que desemboque en un estribillo o fragmentos breves para anuncios publicitarios? La estructura le indica a la IA cómo debe fluir la música, no solo cómo debe sonar.

5. Adáptala a tus imágenes o guion.
Si tu vídeo tiene una gran revelación en el segundo 45, pide a la IA que construya lentamente y alcance su punto álgido justo ahí. Es la diferencia entre «música agradable» y música que parece hecha a medida.

6. Perfecciona, no te conformes.
Es poco común que la primera versión sea perfecta. El mismo proceso de iteración que usas para texto, imágenes y vídeo también se aplica a la música. Modifica el estado de ánimo, cambia los instrumentos, ajusta el tempo y vuelve a generar secciones hasta que estés satisfecho con el resultado final. Las bandas también ensayan, ¿verdad?
Si tu primera pista suena demasiado lenta o dramática, pide a la IA que aumente ligeramente el tempo o reduzca la reverberación para obtener un sonido más limpio. Pequeños ajustes pueden transformar el resultado. La mayoría de las herramientas también tienen controles deslizantes o menús para ajustar el tempo, la energía y la instrumentación. Prueba un cambio cada vez y escucha cómo evoluciona la sensación.

Consejo profesional: si te quedas atascado, consulta a una IA conversacional como ChatGPT para escribir un prompt breve y estructurado antes de pegarlo en tu herramienta musical.

Una petición sencilla como *Escribe un prompt conciso (menos de 25 palabras) para una pista acústica alegre de 60 segundos para la introducción de un vídeo motivacional de YouTube* puede ahorrarte mucho tiempo de prueba y error.

Así podría sonar una propuesta de ChatGPT:

> *Pista de guitarra acústica alegre y estimulante con percusión ligera y suaves capas de piano. Tonalidad mayor, tempo constante alrededor de 100 BPM, tono cálido y motivador.*

Es breve y claro, ideal para pegarlo directamente en herramientas como Suno, Udio o Mubert, y deja claro el estilo, el estado de ánimo y el tempo.

Si usas una herramienta basada en menús desplegables, como Soundraw o Aiva, puedes emplear la misma descripción para guiar tus ajustes. Elige *acústico* o *pop acústico* como género, establece un tempo de alrededor de 100 BPM y selecciona estados de ánimo como *estimulante* o *motivador*.

Si no estás seguro de qué tipo de música encajaría con tu contenido, da un paso atrás y pide primero ideas a ChatGPT. Por ejemplo:

> *Sugiere tres estilos de música de fondo para un tutorial de programación apto para principiantes.*

Este tipo de conversación te ayuda a definir mejor lo que quieres crear antes de abrir una aplicación de música, y así ahorras tiempo y frustración cuando comienzas a generar pistas.

Cómo crear música paso a paso

Si es tu primera vez, Soundraw o Boomy son fáciles de aprender y producen resultados útiles rápidamente.

. . .

1. Elige una herramienta para principiantes y abre una nueva pista.
Para la mayoría de los principiantes, Suno o Soundraw son los mejores lugares para empezar. Elige una herramienta según el tipo de prompting que prefieras usar. Si te gusta escribir descripciones completas en lenguaje natural, como lo harías con prompts en ChatGPT, empieza con Suno. Si prefieres elegir entre menús y controles deslizantes, Soundraw es una de las interfaces visuales más sencillas para principiantes.

2. Establece el estilo y el ambiente.
Tal vez sea un ritmo *lo-fi* suave con percusión ligera, o una pista acústica brillante con un ritmo constante. Elige esto primero, ya que determinará todas las demás decisiones.

3. Decide cómo vas a utilizar la pista y elige la estructura.
Un fondo en bucle requiere un enfoque distinto al de una introducción de pódcast de 90 segundos. Algunos proyectos necesitan estrofas y estribillos definidos; otros funcionan mejor con una construcción continua. Limitar los instrumentos (por ejemplo, solo piano y cuerdas) ayuda a mantener el sonido limpio y coherente.

4. Previsualiza y repite.
La mayoría de las plataformas te permiten escuchar un clip corto antes de decidirte. Este es el momento de ajustar el ritmo, cambiar instrumentos o pedir una variación hasta lograr el tono que deseas.

5. Exporta en el formato adecuado.
MP3 para una publicación rápida, WAV si vas a mezclar o editar, o *stems* si quieres tener control total sobre cada pista.

Puedes probar diez estados de ánimo diferentes en el tiempo que tardarías en escuchar una sola pista de una biblioteca tradicional. Cuanto más experimentes, más rápido descubrirás qué sonidos funcionan para tu estilo y tu público.

Pruébalo tú mismo: convierte tu entrada de blog en un pódcast

Ahora que has visto cómo la IA puede manejar tanto la narración como la música, es hora de unir esos dos elementos. Vas a usar ElevenLabs para narrar una entrada de blog que hayas escrito y luego añadir una pista de fondo de Soundraw que se adapte al tono.

Paso 1: Preparación del guion

Busca el contenido que convertiste en vídeo en el último capítulo (tu texto del capítulo 4). Léelo en voz alta para escuchar cómo suena y ajusta la fluidez si es necesario.

Paso 2: Generación de voz

- Regístrate para obtener una cuenta gratuita en ElevenLabs.
- Pega tu guion y elige una voz que te guste.
- Establece la estabilidad en un 75 % y la claridad en un 60 %.
- Genera y descarga el archivo en MP3.

Paso 3: Seleccionar música

- Regístrate para obtener una prueba de Soundraw.
- Selecciona una introducción musical de 15 segundos con un ambiente adecuado.
- Descárgala en formato MP3.
- Si te sientes inspirado, prueba Aiva o Boomy para crear tu propia pista.

Paso 4: Montaje

Puedes montar tu pódcast en Descript o, si lo prefieres, usar Audacity (gratuito) o GarageBand (Mac).

- Importa los archivos de voz.
- Añade la música de introducción, con un fundido a los 12 segundos.
- Mantén la música al 15 % del volumen durante la narración.
- Exporta como MP3 a 128 kbps.

Paso 5: Publicación

Súbelo a Anchor.fm en Spotify (gratis) o a tu servidor preferido.

Podrás completar todo esto en unos 30 minutos si te concentras solo en una primera versión sencilla.

Con eso, habrás creado un flujo de trabajo combinado o multimodal que empezó como una idea, se convirtió en contenido escrito y ahora existe como audio con música. El mismo proceso puede ampliarse fácilmente: puedes reutilizar tu entrada de blog para producir cursos, contenido de marketing o episodios completos de pódcast.

En el siguiente capítulo, conectarás varias herramientas para crear proyectos cohesionados y de gran impacto que combinan texto, imágenes, audio y automatización.

9

Combinación de herramientas de IA para crear flujos de trabajo repetibles

A ESTA ALTURA DEL LIBRO, ya has utilizado la IA conversacional para escribir contenido, crear una imagen que lo acompaña, transformarlo en vídeo e incluso convertirlo en audio. Has visto cómo cada herramienta puede trabajar por sí misma para crear algo valioso. Pero cuando las unes en un solo proyecto más grande, estás creando lo que se denomina un flujo de trabajo multimodal. Este enfoque te permite transmitir una sola idea en varios formatos, ampliando su alcance e impacto sin invertir más tiempo.

En lugar de abordar una tarea a la vez, puedes encadenar diferentes herramientas para que se encarguen de todas las partes de un proyecto mayor. Una vez que dejas de pensar en herramientas individuales y empiezas a crear sistemas, trabajas de una manera mucho más amplia. No importa si estás planeando una boda, organizando tu casa, creando un negocio o guardando recuerdos familiares. Una sola idea se convierte en la base de múltiples recursos útiles, cada uno de los cuales alimenta al siguiente.

Ya has creado tu primer flujo de trabajo multimodal sin siquiera darte cuenta. Este capítulo te llevará un paso más allá, mostrándote cómo diseñar flujos de trabajo multimodales para proyectos de cualquier tamaño o propósito, como por ejemplo:

- recopilar tu experiencia en un minicurso en línea con guiones, diapositivas con tu marca y tutoriales narrados
- elaborar un resumen de una reunión que combine historias compartidas, fotos de grupo y breves entrevistas en vídeo de los asistentes
- crear una lista de reproducción musical con carátulas personalizadas, una breve historia escrita para cada canción y un montaje de vídeo que la acompañe
- crear un «resumen del año» personal que combine reflexiones escritas, fotos favoritas y mensajes de voz grabados de amigos o familiares

Estos son solo algunos ejemplos. Las posibilidades se multiplican cuando ves cómo encajan las piezas.

Saber qué herramientas combinar para crear algo es lo que te permite ampliar tus habilidades con la IA. Aquí es donde dejas de usar las herramientas por separado y empiezas a pensar en cómo funcionan juntas. Aquí es donde desarrollas una mentalidad que te permite usar la IA para ampliar lo que puedes lograr.

Detectar oportunidades para flujos de trabajo multimodales

A esta altura del libro ya sabes lo útil que puede ser tomar una idea y transformarla en múltiples formatos. El siguiente paso es aprender a reconocer los proyectos, problemas o tareas recurrentes en tu propia vida que son candidatos perfectos para un flujo de trabajo multimodal.

Para aprovechar al máximo un flujo de trabajo multimodal, lo ideal es que se trate de algo que hagas repetidamente y que te consuma tiempo.

Por dónde empezar

Piensa en una tarea recurrente en tu vida laboral o personal que tenga varios pasos o componentes. Aquí tienes algunas sugerencias para inspirarte:

- Procesos en los que explicas, muestras, recuerdas y haces un seguimiento. Algunos ejemplos son la integración de un nuevo cliente, la formación de un miembro del equipo o la guía de alguien en un proyecto de bricolaje.
- Proyectos que requieren planificación y ejecución, como el lanzamiento de un producto, la organización de un evento o la producción de un pódcast.
- Situaciones en las que diferentes personas necesitan distintos tipos de información, como informar a las partes interesadas sobre un proyecto, crear instrucciones para pacientes o comunicar políticas a empleados y clientes.
- Actividades que implican investigación, creación y puesta en común, como redactar un análisis de mercado, crear un recurso educativo o elaborar un portafolio personal.
- Tareas que requieren tanto preparación como documentación, como iniciar una renovación del hogar, organizar una recaudación de fondos benéfica o documentar una receta compleja para un libro de cocina.

Por el contrario, tareas como escribir un solo correo electrónico, publicar una entrada en redes sociales o responder a una pregunta rápida son demasiado sencillas como para necesitar un flujo de trabajo.

Ejemplo: flujo de trabajo de integración de clientes

Si eres diseñador o consultor y tienes que explicar constantemente tu proceso a nuevos clientes, fíjate en cuántas tareas implica realmente y qué herramientas de IA podrías usar en cada paso:

1. Analiza las preguntas de los clientes.
Utiliza ChatGPT para revisar correos de clientes anteriores e identificar las preguntas o inquietudes más comunes.

2. Crea tu paquete de bienvenida.
Usa Claude para redactar un PDF profesional que establezca expectativas, plazos y resultados.

3. Diseña un calendario visual del proyecto.
Crea una hoja de ruta con tu marca en Canva que destaque los hitos clave e incluya ejemplos relevantes.

4. Graba un vídeo de presentación personal.
Genera un mensaje de bienvenida de dos minutos en Synthesia para presentarte y guiar a los clientes a través de los siguientes pasos.

5. Crea una guía de audio rápida con preguntas frecuentes.
Utiliza ElevenLabs para grabar respuestas breves a las cinco preguntas más comunes con tu propia voz.

6. Automatiza los correos electrónicos a tus clientes.
Escribe una secuencia que envíe materiales de integración y recordatorios en el momento adecuado utilizando tu plataforma de correo preferida.

7. Configura un portal para tus clientes.
Diseña una página o carpeta sencilla con todos los recursos, enlaces y materiales en un solo lugar de fácil acceso.

Ejemplo: vídeo resumen del año

Si quieres recopilar tu año en un vídeo que se pueda compartir para Nochevieja en menos de una hora, sigue estos pasos:

1. Reúne todo en un solo lugar.
Sincroniza tu iPhone y otros dispositivos con Google Fotos para que todas tus imágenes y vídeos se ordenen automáticamente por fecha.

2. Selecciona automáticamente los mejores momentos.
Usa Google Photos Highlights o Adobe Lightroom Auto Curate para

eliminar fotos borrosas, duplicados o capturas aleatorias y quedarte con lo esencial.

3. Añade música de fondo.
Utiliza Soundraw para generar una pista instrumental que refleje el estado de ánimo que quieras (alegre, nostálgico, cinematográfico, etc.).

4. Compila el vídeo.
Arrastra tus fotos y vídeos a Pictory, Canva o CapCut para crear automáticamente un montaje cronológico con tu música.

5. Compártelo fácilmente.
Exporta y comparte en un enlace privado de YouTube, un grupo familiar de WhatsApp o una carpeta de Google Drive.

La fuerza de un flujo de trabajo multimodal está en cómo cada paso se apoya en el anterior. La investigación da forma a tu escritura, que a su vez influye en tus imágenes y guía tu elección de audio. Todo se une en un vídeo coherente. Cada elemento refuerza a los demás y al final has creado algo original, más completo y con mayor impacto que la suma de sus partes generadas por IA.

Una vez que empiezas a pensar en términos multimodales, es fácil ver cómo el mismo enfoque puede aplicarse a proyectos completamente diferentes.

Presentaciones

Si estás creando una presentación, puedes construir tu base de investigación con Perplexity para encontrar datos, ejemplos y citas. Luego pasa a ChatGPT para convertir esos hallazgos en puntos de discusión y generar imágenes personalizadas con Midjourney. Finalmente, CanvaAI puede reunirlo todo en una presentación lista para compartir.

Contenido educativo

Si deseas desarrollar contenido educativo sobre un tema que dominas, utiliza ChatGPT para crear una lección clara y dividida en pasos prácticos. Crea imágenes de apoyo (diagramas, gráficos o mapas de procesos) con CanvaAI. Graba la narración con ElevenLabs y combina todo en un breve vídeo instructivo con Pictory. Así tendrás materiales eficaces para estudiantes visuales, auditivos y que aprenden con vídeos.

Planificación de eventos o proyectos

Al planear un evento o proyecto, utiliza Perplexity para investigar lugares, materiales o requisitos. Luego introduce tu investigación en Claude para crear un plan con pasos, plazos y responsabilidades. Por último, diseña una hoja de ruta visual en CanvaAI con imágenes o diagramas de procesos, y guarda todos los archivos y listas en un espacio compartido como Google Drive o Notion.

Los proyectos pueden variar, pero el principio es el mismo. No hace falta tener todo definido desde el principio; puedes ir eligiendo las herramientas sobre la marcha. Incluso puedes simplificar las cosas quedándote exclusivamente en ChatGPT para el texto, las imágenes y los vídeos, investigando con el modelo GPT-5 Thinking, generando imágenes con DALL-E o creando vídeos con Sora (disponible solo con una suscripción de pago a ChatGPT).

Aquí tienes una instantánea de un conjunto de herramientas de IA organizadas por finalidad. Solo elige una o dos de cada categoría al diseñar tu flujo de trabajo. El objetivo no es usar el mayor número de herramientas, sino las adecuadas para el trabajo.

Conjunto de herramientas de IA

Categoría de utensilios	Herramienta(s)	Propósito general
Investigación	Perplexity	Te proporciona información confiable (sin costo) nivel disponible)
Escribiendo	Claude ChatGPT	Herramientas esenciales para crear textos más largos contenido (versiones sin costo disponibles)
Visual	Canva DALL.E Midjourney	Crea gráficos y diseños en Canvas. Es ideal para quienes están empezando y tiene plantillas disponibles.
Video	Pictory Synthesia Canva	Crea un vídeo informativo o con avatares. Canva es la herramienta más sencilla para que los principiantes creen videos (gratis).
Edición	Descript OpenShot DaVinci Resolve	Simplifica la edición final; OpenShot y DaVinci Resolve son opciones gratuitas.
Voz	Murf AI ElevenLabs Herramientas de síntesis de voz	Crear sonidos naturales Prueba gratuita la función de audio TTS integrada.
Música/ SFX	Soundraw Mubert YouTube Audio Library	Producir un fondo para uso comercial. música y efectos sonoros (YouTube) La biblioteca no tiene costo.

A medida que adquieras más experiencia y comprendas mejor qué hace cada herramienta de IA conversacional, podrás combinarlas: extrayendo información de Perplexity, perfeccionando la redacción en Claude y uniendo recursos en ChatGPT. Pero al principio, ese nivel de complejidad no es necesario. Perplexity siempre accede a Internet en tiempo real, y los planes Pro de ChatGPT incluyen la navegación, por lo que, en ambos casos, puedes completar todo el flujo de trabajo sin salir de una sola herramienta.

Galaxy.ai: una plataforma de creación integral

Es una de las herramientas más completas del libro. Hasta ahora, hemos visto flujos de trabajo que integran varias herramientas especializadas. A menudo, ese es el enfoque más flexible, ya que puedes elegir la mejor aplicación para cada paso. Pero cambiar entre pestañas, copiar y pegar y mover archivos puede empezar a parecer un trabajo tedioso. Queremos alejarnos de eso gracias a la IA generativa.

Ahí es donde una plataforma todo en uno como Galaxy.ai puede simplificar aún más tus flujos de trabajo. Galaxy.ai ofrece más de 3 000 herramientas integradas en una sola interfaz de usuario, por lo que puedes hacer todo lo que has aprendido hasta ahora en una sola aplicación. Incluye generadores de texto, imágenes y vídeo, además de una biblioteca de prompts para ayudarte a empezar. Tienes acceso a todos los modelos más recientes, ya sea GPT-5, Claude Opus 4.1 (los últimos LLM de ChatGPT y Claude) o Pika Turbo V2 si estás creando vídeos. Puedes elegir el modelo que desees para cada paso y ejecutar todo el proceso sin salir de la plataforma.

Galaxy.ai también incluye extras como un generador de retratos, un clonador de voz, creadores de ilustraciones y miniaturas, una herramienta de diseño de interiores e incluso generación de música. No reemplaza todas las herramientas especializadas, pero ofrece un proceso mucho más simple y continuo. Si quieres una experiencia más fluida y con menos complicaciones, un sistema integrado como Galaxy.ai puede facilitarte mucho las cosas.

Pruébala tú mismo: diseña un flujo de trabajo multimodal

En este paso, aún no vas a conectar herramientas ni automatizar nada. En su lugar, vamos a dar un paso atrás y esbozar el plan de algo que podría ahorrarte horas de trabajo más adelante. El objetivo es visualizar el flujo antes de abrir cualquier herramienta. Puede parecer contradictorio dedicar tiempo a planificar sin construir, pero esto refuerza tu pensamiento sobre los «sistemas de IA» y hace que el proceso de creación real sea más rápido, fluido y eficaz después.

1. **Elige un problema real que quieras resolver.** Piensa en algo que surja a menudo en tu trabajo o en tu vida personal y que podría beneficiarse de un proceso repetible (como lanzar un producto, planificar un evento, crear contenido semanal u organizar información).
2. **Divídelo en cuatro o cinco pasos distintos.** Anota las etapas principales del proceso (por ejemplo: investigación → borrador → imágenes → revisión → publicación). No lo pienses demasiado; solo necesitas los elementos básicos.

3. **Identifica el punto de partida.** La mayoría de los flujos de trabajo comienzan con una investigación o con un contenido base. Decide cuál sería tu primera tarea «ancla».
4. **Conecta los pasos.** Para cada paso, anota cómo se relaciona con el siguiente. Esto te permitirá entender cómo cada parte refuerza a la siguiente hasta formar un conjunto sólido.
5. **Elige herramientas para cada paso.** Elige las herramientas que probablemente usarías (aunque nunca las hayas probado). Podría ser algo tan simple como «ChatGPT para la investigación» o «Canva para las imágenes».
6. **Imagina tus puntos de almacenamiento y uso compartido.** Anota dónde se guardarían los activos y cómo compartirías el resultado final, aunque solo sea «guardar en Google Drive» y «enviar el enlace por correo electrónico al cliente».

Cuando termines, deberías tener una visión general de un flujo de trabajo multimodal completo que puedes perfeccionar y, finalmente, desarrollar cuando estés listo.

Escalamiento de tus flujos de trabajo

Una vez que hayas creado tus primeros flujos de trabajo multimodales, el siguiente paso es dejar que la IA y la automatización se encarguen discretamente del trabajo rutinario por ti. Puede que pienses: «¡Ya no queda trabajo rutinario! Ya estoy ahorrando mucho tiempo con la IA». Sin embargo, tareas como solicitar información, esperar respuestas, copiar y pegar o cambiar de una herramienta a otra siguen requiriendo tiempo y energía mental. La IA generativa puede reducir la creación de contenidos de días u horas a menos de una hora, pero la automatización puede reducirlo aún más, a veces a un solo clic.

Tengo un flujo de trabajo en Make.com que investiga automáticamente un tema específico de YouTube utilizando un rastreador para extraer las transcripciones de los tres vídeos más populares para una palabra clave. Luego, envía las transcripciones a ChatGPT para generar un borrador de un nuevo vídeo, al que después añado mi toque personal. Una vez que finalizo el borrador, otra automatización lo envía a otro prompt de IA conversacional para generar un guion completo.

Con un poco de conocimiento técnico, podrías ir más allá pasando el guion a HeyGen para la creación de vídeos con IA, subiendo el vídeo terminado a YouTube e incluso programando su publicación sin abrir ninguna herramienta.

Esa es solo una de las formas en que he usado la automatización para ahorrar horas en tareas que generan ingresos. Pero alejémonos un momento. Ya se trate de YouTube, publicaciones en redes sociales o actualizaciones de clientes, el mecanismo es el mismo: configuras una serie de pasos de causa y efecto para que el trabajo avance sin tener que intervenir en cada parte.

La versión más simple funciona así:

1. **Desencadenante:** ocurre algo, como terminar una entrada de blog en ChatGPT o añadir una nueva foto a Google Drive.
2. **Acción:** otra herramienta responde automáticamente, como dar formato a esa entrada del blog en Google Docs o aplicar la plantilla de tu marca a la foto en Canva.
3. **Cadena:** el proceso continúa, pasando el resultado a la siguiente herramienta de la cadena.

Algunos escenarios comunes:

- Eliges un tema para una entrada de blog → ChatGPT crea un nuevo borrador → el borrador se formatea con Claude → el documento se guarda automáticamente en Google Docs → el enlace se envía por correo electrónico a tu equipo.
- Notas de la reunión en Otter.ai → Zapier o Make.com las envía a ChatGPT para que las resuma → el resumen se añade a tu gestor de proyectos (Asana o Trello) o se te envía por correo electrónico.
- Nuevo pie de foto y archivo multimedia guardados en una carpeta «Contenido publicado» en Google Drive → Make.com envía automáticamente el pie de foto a ChatGPT para reescribirlo como publicación de LinkedIn, tuit y guion breve de TikTok → las

publicaciones se añaden a una herramienta de programación como Buffer o Later → todas las versiones se almacenan en una biblioteca de contenido compartida.

También puedes empezar automatizando solo un paso del flujo de trabajo. A menudo es más inteligente centrarse en las tareas más tediosas o repetitivas que requieren tiempo pero poca atención, como el formateo, la introducción de datos o la investigación inicial.

¿Te cuesta tanto como a mí mantener organizados todos tus archivos y fotos? Un sencillo flujo de trabajo en Zapier o Make.com podría resolver ese problema y evitar que vuelvas a pasar 30 minutos buscando un archivo que sabes que existe pero no encuentras. Cada vez que subes un archivo a una carpeta de Google Drive llamada «Archivos nuevos», Zapier comprueba el nombre del archivo en busca de palabras clave como «notas», «recibos» o el nombre de un cliente, y luego lo mueve automáticamente a la carpeta correcta.

Esto pertenece a un nivel más avanzado de aplicaciones de IA, así que no necesitas saber hacerlo todavía. Piénsalo como un adelanto de lo que podrás lograr cuando tu experiencia y tus proyectos evolucionen. Esta es la dirección hacia la que te diriges si sigues aprendiendo y aplicando lo que aprendes.

Incluso con la automatización, conviene crear un proceso que incluya control de calidad. Debes revisar los borradores, verificar los datos de la investigación y tomar las decisiones creativas finales. Una forma de hacerlo es dividir un proceso de varios pasos en automatizaciones más pequeñas con puntos de control humanos entre ellas, como describí con la automatización que utilizo para crear guiones de vídeos de YouTube. La primera automatización llega hasta un punto de revisión en el que intervienes, realizas modificaciones y pasas el resultado mejorado a la siguiente automatización. Esto te permite aprovechar las ventajas de la IA en cuanto al ahorro de tiempo sin tener que sacrificar la calidad del contenido, y puedes añadir más automatizaciones a medida que perfeccionas tus flujos de trabajo.

Aunque no planees usar automatizaciones ahora mismo, puedes seguir aprovechando las ventajas de los flujos de trabajo multimodales. Las aplicaciones de estas herramientas, una vez que se comprende cómo combinarlas, son prácticamente infinitas. En los capítulos siguientes, te mostraré dónde aplicar estos sistemas de IA para obtener el mayor impacto, tanto si quieres aumentar tu productividad, simplificar tu flujo de trabajo o incluso descubrir nuevas formas de generar ingresos.

10

Creación de activos con generadores de IA todo en uno para negocios y enseñanza

YA HAS EXPERIMENTADO lo útil que resulta transformar una idea en diferentes formatos de contenido mediante varias herramientas, como texto, imágenes e incluso audio o vídeo. Hacerlo normalmente implica comenzar con ChatGPT para el texto, continuar con Canva o Midjourney para las imágenes y, quizá, usar una herramienta de vídeo como Synthesia para crear anuncios o vídeos explicativos. Incluso con un proceso fluido, sigues saltando de una aplicación a otra, exportando archivos y acomodando el contenido en su lugar correspondiente.

Ahora imagina que con un solo prompt recibes en cuestión de minutos una campaña completa, con correos electrónicos, publicaciones en redes sociales, texto de anuncio y gráficos, todo con un tono y estilo coherentes entre sí. No solo obtienes las piezas, sino que recibes el conjunto ya terminado y listo para usar. Así, solo tienes que hacer unos pocos cambios y pulsar «publicar».

Eso es lo que hace que los generadores todo en uno sean tan potentes: no solo producen piezas dispares de un proyecto, sino que te proporcionan resultados comparables a los de un profesional del marketing o del diseño, desde SEO hasta identidad de marca y maquetación. Algunos generadores todo en uno incluso crean cosas que no se pueden producir solo con ChatGPT, DALL·E,

Midjourney o Synthesia. Piensa en sitios web totalmente funcionales, con diseños e imágenes completos, o incluso en aplicaciones sencillas. Estas herramientas agrupan el trabajo pesado en un solo espacio, encadenando pasos que antes se realizaban por separado, de modo que puedes omitir gran parte del proceso entre la idea inicial y un borrador completamente elaborado que luego personalizas.

El poder de la creación con un solo clic

Los generadores todo en uno no son solo atajos. Son una forma de delegar no solo la ejecución, sino también el conocimiento técnico necesario para desarrollar todo un proyecto. Si alguna vez has evitado crear un sitio web porque no sabes programar o has pospuesto una campaña de marketing porque no eres diseñador ni redactor, estas herramientas te ayudan a salvar esa brecha. Reúnen el trabajo de varios especialistas en un proceso sencillo que puedes guiar con un solo prompt. Ten en cuenta que todas estas herramientas tienen un plan gratuito que te permite probarlas, pero tendrás que pasarte a una suscripción de pago si quieres acceder a más funciones.

Creación de sitios web con Durable

Con un buen prompt, herramientas como Durable te ofrecerán mucho más que una página de inicio provisional. Puedes crear un sitio de ventas limpio y funcional con descripciones de productos y llamadas a la acción (CTA) ya implementadas, un blog con múltiples páginas de categorías y artículos listos para publicar, o incluso un sitio sencillo basado en servicios con tablas de precios, formularios de contacto y testimonios incorporados. La estructura, el texto y las imágenes vienen preconfigurados, por lo que, en lugar de luchar con la configuración, puedes pasar directamente a personalizarlo.

Creación de presentaciones con Gamma

Gamma puede tomar un simple prompt como *crear una presentación sobre el estado actual del mercado inmobiliario* y generar las diapositivas, el texto y las imágenes por ti. No es necesario que proporciones todo el texto ni que busques imágenes, ya que lo rellena automáticamente. A partir de ahí, puedes cambiar los diseños, reorganizar las secciones o reescribir partes específicas. Tendrás que verificar la información y realizar modificaciones, pero lo más difícil de crear una presentación completa y coherente ya está hecho. Herramientas como Gamma se centran exclusivamente en las presentaciones, mientras que plataformas como Canva o PowerPoint con Copilot ahora incluyen funciones similares de IA.

Desarrollo de campañas en redes sociales con Jasper

Anteriormente en el libro, aprendiste cómo puedes crear contenido para redes sociales combinando varias herramientas en un flujo de trabajo de varios pasos. Puedes empezar con ChatGPT para escribir la publicación o los pies de foto, utilizar CanvaAI o Midjourney para las imágenes y los gráficos, y luego volver a ChatGPT para ajustar cada publicación a las diferentes plataformas. Funciona, pero lleva tiempo y muchos vaivenes. Jasper simplifica mucho este proceso generando todo el texto de una campaña desde una misma plataforma. Puedes darle una sola idea y obtener correos electrónicos, publicaciones en redes sociales y texto de anuncio. También incluye plantillas para gráficos que combinan en tono y estilo. Esta coherencia integrada es algo que incluso los especialistas en marketing experimentados tienen dificultades para lograr cuando trabajan pieza por pieza.

Creación de un kit de marca con Looka

Hablando de esa coherencia, incluso la creación de una marca (que normalmente requiere múltiples herramientas y el ojo de un diseñador) se puede realizar en cuestión de minutos con algo como la función Brand Kit de Looka. Solo tienes que introducir algunos datos sobre tu empresa y te generará recursos básicos de marca que puedes descargar y utilizar de inmediato, desde un logotipo hasta una paleta de colores, fuentes y material promocional de muestra. Puedes descargar los recursos y empezar a usarlos de inmediato, actualizándolos con el tiempo conforme tu marca evolucione.

Herramientas Todo en Uno

Herramienta	Qué puedes hacer con ella	Plan gratuito y cuándo actualizar
Durable	Genera sitios web completos con páginas, texto, imágenes, formularios de contacto y entradas de blog	El plan gratuito permite crear y publicar en un subdominio. Actualiza para conectar tu propio dominio y desbloquear funciones avanzadas
Gamma	Crea presentaciones completas a partir de un solo prompt, con diapositivas, texto e imágenes	Plan gratuito disponible para probarlo. Actualiza para obtener más diapositivas, opciones de diseño y plantillas profesionales
Jasper	Genera textos para campañas en un solo lugar: correos, publicaciones, anuncios y copys con plantillas gráficas	Prueba gratuita disponible. Actualiza para crear campañas completas, guardar voces de marca y acceder a plantillas avanzadas
Looka	Crea un kit de marca con logotipo, paleta de colores, fuentes y plantillas listas para usar	Vista previa gratuita de logotipos. Actualiza para descargar archivos de alta calidad y acceder al kit completo de marca
Synthesia	Convierte guiones en vídeos profesionales con IA, usando avatares, voces e idiomas personalizables	Plan gratuito o demo con minutos de vídeo limitados. Actualiza para obtener vídeos más largos, más avatares y herramientas de edición avanzadas

---

Consejo profesional: ¿No estás seguro de si existe un generador todo en uno para lo que quieres crear? Pregunta a ChatGPT. Prueba con: *¿Existen herramientas de IA que puedan crear* ***[TIPO DE PROYECTO]*** *con un solo clic? Enumera las mejores opciones con sus características principales.* Esta sola pregunta puede ahorrarte horas de búsqueda.

Entonces, ¿cuándo deberías recurrir a un generador todo en uno en lugar de armar tu propio flujo de trabajo? Piensa en la complejidad del proyecto, tus habilidades y tus prioridades. Si no eres un experto en un área en particular, pero necesitas algo rápido, económico y de alta calidad, estas herramientas pueden marcar una gran diferencia. Si la calidad y el control creativo son las principales prioridades, es posible que sigan prevaleciendo las herramientas individuales y especializadas. Y a veces lo ideal es una combinación de ambas cosas: dejar que un generador todo en uno cree el primer borrador utilizable y luego perfeccionarlo con las herramientas que ya conoces y te gustan.

En cuanto a los riesgos y la seguridad, las mismas precauciones que vimos antes siguen aplicando también en este caso. No pegues información confidencial o privada en ninguna herramienta de IA. Más allá de eso, los riesgos de utilizar Durable, Jasper o generadores similares son los mismos que con cualquier otra herramienta de IA. La mayoría de los problemas se reducen al sentido común básico. Mantén los datos de los clientes, las contraseñas y el contenido propietario fuera de tus indicaciones, y todo irá bien.

Cómo escribir prompts para generadores todo en uno

La forma más rápida de obtener buenos resultados con un generador todo en uno es **no** empezar por ahí. En su lugar, empieza con ChatGPT y deja que te ayude a crear el perfecto prompt antes de abrir la herramienta. Esto es especialmente útil si no estás seguro del nivel de detalle que necesita el generador o si nunca lo has utilizado antes.

El truco consiste en pedirle a ChatGPT un prompt que puedas pegar en la otra herramienta, es decir, pedir un prompt para un prompt. Y si ni siquiera estás seguro de qué pedir, puedes invertir el proceso: haz que ChatGPT te haga primero preguntas aclaratorias. En lugar de adivinar qué detalles incluir, deja que ChatGPT te guíe a través de lo que el generador todo en uno necesita saber.

Aquí tienes un prompt reutilizable que puedes adaptar a cualquier herramienta:

> *Quiero utilizar* ***[HERRAMIENTA DE IA]*** *para crear* ***[TIPO DE PROYECTO]****, pero no estoy seguro de qué información proporcionarle ni siquiera de qué debe incluir el proyecto final. Hazme una serie de preguntas aclaratorias sobre mi público, mis objetivos, mi estilo y cualquier sección, página o característica específica que pueda desear. A continuación, utiliza mis respuestas para escribirme un completo y detallado prompt que pueda pegar en la herramienta para que produzca un resultado coherente y de alta calidad.*

Cuando utilices este enfoque, el prompt final que te dé ChatGPT suele ser mucho más largo, coherente y detallado que cualquier cosa que se te hubiera ocurrido escribir tú mismo. Puedes probar este prompt en el ejercicio de la siguiente sección y entenderás exactamente el resultado.

No se trata solo de ser «minucioso». En herramientas como Durable, un prompt de una sola línea como *Necesito un sitio web para mi negocio de entrenamiento personal* puede dejarte con un sitio lleno de páginas que no necesitas, modales que no se ajustan a tu modelo de negocio y textos e imágenes que no coinciden. Al final, tienes que averiguar cómo quieres que sea realmente el sitio y luego revisar todo lo que no te interesa para rescatar las pocas piezas que vale la pena conservar. Es una tarea de limpieza frustrante y abrumadora que hace que mucha gente se rinda y decida que los generadores de IA «no son tan buenos». Un prompt detallado y específico desde el principio lo cambia todo. En lugar de empezar con un desastre, empiezas con algo que ya se acerca a lo que habías imaginado.

Consejo profesional: Antes incluso de abrir tu generador todo en uno, utiliza ChatGPT para poner a prueba el prompt que te da. Pregunta: *¿Qué le falta a este prompt que haría que la herramienta produzca un resultado más completo y preciso?* Añadir ahora esas piezas que faltan te ahorrará tiempo de edición más adelante.

Poniendo todo junto: convierte tu trabajo en un sitio web

Ya tienes los contenidos que has creado anteriormente en el libro. Ahora es el momento de convertirlos en algo que puedas mostrar al mundo. La forma más rápida es dejar que un generador todo en uno como Durable haga el trabajo pesado, utilizando el proceso de creación de prompts que acabas de aprender.

Empieza en ChatGPT, no en Durable. Utiliza el método «solicitar un prompt» de la última sección para darle a Durable exactamente lo que necesita: público, tono, páginas, características y estilo. Cuanto más detallado sea el prompt, más se acercará tu primer borrador a lo que realmente quieres.

Nota: Durable tiene planes gratuitos y de pago. El nivel gratuito te permite crear y editar un sitio, pero para publicarlo en un dominio personalizado o desbloquear ciertas características es necesario un plan de pago. *Puedes* publicar en un subdominio gratuito de Durable de inmediato, por lo que puedes poner algo en marcha sin gastar dinero.

A partir de ahí:

1. Edita. Durable puede incluir secciones o páginas adicionales que no necesitas, pero que puedes eliminar o ajustar fácilmente.
2. Cambia la entrada del blog que escribiste anteriormente por la página del blog.
3. Reemplaza las imágenes genéricas por las que ya has generado.
4. Utiliza el prompt de la página *Acerca de* para que la sección *Acerca de* se centre en los visitantes.
5. Añade tu vídeo en un lugar destacado para generar confianza rápidamente.

No te obsesiones de momento con los pequeños detalles de diseño o con los colores. Puedes perfeccionarlo más adelante. El objetivo es publicar hoy algo «suficientemente bueno» para que empiece a funcionar. Las empresas no esperan a que todo sea perfecto para salir al mercado, y tú tampoco deberías hacerlo.

Las personas más expertas en tecnología que no se centran en la perfección pueden publicar la primera versión de su sitio web en 20 minutos. Tú podrías dedicar un par de horas a perfeccionarlo. Pero esto es algo en lo que puedes seguir trabajando y mejorando a medida que publicas más contenido. Por ahora, céntrate en algo que sea «suficientemente bueno». Las empresas no esperan a que todo sea perfecto para lanzar su producto.

Haz una captura de pantalla cuando hayas terminado. Acabas de crear un sitio web en menos tiempo del que la mayoría de la gente invierte en revisar sus redes sociales. Las barreras que solían existir, como los conocimientos de programación, las habilidades de diseño y la experiencia técnica, han desaparecido. Lo único que queda eres tú y tus ideas.

Esto es solo el principio. En el siguiente capítulo, te mostraré cómo conectar tus herramientas de IA favoritas, automatizar la creación de contenidos y configurar sistemas que te ahorrarán horas cada semana. Después, profundizaremos en estrategias reales de IA para generar ingresos, dirigir un negocio o causar impacto en el trabajo o en la escuela.

11

Gestión de proyectos y tareas administrativas con IA

LOS FLUJOS de trabajo de IA que ya has aprendido en los capítulos anteriores pueden hacerte más eficiente y simplificar tu manera de trabajar. Pero hay otro nivel. La IA puede ayudarte a crear sistemas que te permitan tener claras tus prioridades y garantizar que avances con lo realmente importante. Estos sistemas pueden ajustarse cuando algo cambia o no sale como esperabas, mantenerte enfocado y en el rumbo correcto, e ir más allá de adaptarse a tu forma de trabajar. Toman tus flujos de trabajo existentes y los mejoran.

En este capítulo te mostraremos cómo pasar de utilizar la IA para tareas individuales a convertirla en parte de un *sistema* de productividad integral. Incluso si solo lees este capítulo, aplicas lo que aprendas y no haces nada más de lo que se enseña en este libro, es probable que ahorres tiempo cada semana y logres más sin sentirte saturado. Verás cómo integrar la IA en las herramientas que ya utilizas, añadir nuevas plataformas basadas en IA donde tenga sentido y conectarlo todo para que tu trabajo fluya sin interrupciones desde la idea hasta su finalización.

No es necesario que utilices todas las herramientas de este capítulo para obtener beneficios. De hecho, acumular demasiadas puede abrumarte y ralentizarte. Elige una o dos que te hagan pensar «esto sí que me serviría» para empezar. Siempre puedes añadir más adelante.

Planificación y establecimiento de objetivos con IA

¿Alguna vez has pasado horas creando el plan perfecto solo para acabar demasiado agotado como para ejecutarlo? Uno de los mayores obstáculos mentales no es realmente hacer el trabajo. Es decidir qué trabajo vale la pena hacer, en qué orden y cómo mantenerlo funcionando sin agotarte. Este proceso también lleva mucho tiempo.

Imagina que tienes una idea de negocio en la cabeza. Pero es solo una idea. No tienes ni idea de por dónde empezar ni de cómo convertirla en algo tangible. En menos de una hora, puedes sentarte con ChatGPT o Claude y planificarlo todo.

Podrías escribir algo como esto en Claude:

> *He estado pensando en montar un negocio de organización del hogar. Por ahora solo soy yo, quizá también ofrezca sesiones virtuales. Pero no sé por dónde empezar. ¿Me puedes ayudar a convertir esto en un plan detallado con pasos semanales?*

A continuación, añade:

> *Quiero montar esto a tiempo parcial, compaginándolo con mi trabajo actual, así que sé realista. Necesito ayuda para saber qué hacer primero, cómo conseguir clientes y cómo mantener todo en marcha.*

En solo unos pocos mensajes, la IA puede ayudarte a definir qué significa «terminado», dividirlo en objetivos trimestrales, mensuales y semanales, y organizarlo todo en una secuencia que evite los cuellos de botella. El mismo enfoque funciona para tareas más pequeñas, como estructurar tu semana o planificar tu día.

Una vez que tengas tu plan, no es necesario que lo guardes en un cuadro de texto. Puedes introducirlo directamente en una herramienta de gestión de proyectos que lo convertirá en tareas y proyectos con prioridades y plazos definidos.

La gestión de proyectos se une a la automatización

Una vez que tus ideas estén claras, las plataformas de planificación especializadas pueden convertirlas en sistemas vivos y adaptables:

Motion AI

Se trata de una herramienta de productividad y programación que combina la gestión de tareas con la automatización del calendario. Le proporcionas tus tareas, plazos y calendario de reuniones, y la IA construye (y reconstruye constantemente) tu día en tiempo real. Si una reunión se extiende, un cliente cancela o añades una prioridad de última hora, Motion reprograma automáticamente todo lo demás para que nada se quede en el tintero. Entiende las prioridades, las dependencias y el equilibrio de la carga de trabajo, por lo que no tienes que seguir reorganizando tu plan manualmente. Motion también realiza un seguimiento de tu capacidad total, señalando cuándo has sobrecargado tu agenda y mostrándote dónde están en riesgo los plazos antes de que se incumplan. Esto lo hace especialmente valioso para las personas que tienen que hacer malabarismos con agendas impredecibles, ya que la IA funciona como un asistente de operaciones que no solo recuerda todos los plazos, sino que mantiene tu carga de trabajo en un punto manejable.

ClickUp AI

ClickUp es una plataforma de gestión de proyectos con todas las funciones para individuos y equipos. En sí misma, no es estrictamente una herramienta de IA; está diseñada para organizar proyectos, asignar tareas y realizar un seguimiento de los plazos. Con el complemento de IA de pago, puedes pasar de ideas vagas o notas de reuniones a un plan claro y viable en solo unos minutos.

Dentro de ClickUp, la IA puede:

- generar listas de tareas estructuradas a partir de sesiones de brainstorming, notas de reuniones o conversaciones de chat
- redactar descripciones detalladas de las tareas para que los asignados sepan exactamente qué hacer sin necesidad de intercambios de información

- priorizar el trabajo automáticamente en función de la urgencia, los plazos y los recursos disponibles
- reprogramar tareas y ajustar plazos cuando cambian las prioridades o las cargas de trabajo
- realizar un seguimiento de la capacidad del equipo para que puedas ver quién está sobrecargado y quién tiene disponibilidad
- detectar los cuellos de botella que ralentizan los proyectos antes de que provoquen retrasos

Incluso mostrará tareas potenciales a partir de conversaciones en la aplicación y te preguntará si deseas añadirlas a tu tablero de proyectos. ClickUp también se integra con una amplia gama de otras herramientas, como Slack, Google Drive, Microsoft Teams, Zoom, Dropbox y muchas más, por lo que tus planes generados por IA pueden incorporar archivos, actualizaciones y comunicaciones sin que tengas que saltar de una aplicación a otra.

Notion AI

Con Notion AI, obtienes un espacio de trabajo muy flexible que combina notas, documentos, seguimiento de proyectos y bases de datos en un solo lugar. Sin IA, ya es un potente centro para organizar la información. Con IA, Notion puede resumir largas notas de reuniones, etiquetar y categorizar automáticamente tus documentos, redactar borradores y vincular contenidos relacionados para que puedas navegar por proyectos complejos sin tener que buscar archivos. Para trabajos que requieren mucha investigación o que se basan en contenidos, puede extraer los puntos clave de artículos o informes y convertirlos en listas de verificación prácticas o planes estructurados. Notion también puede realizar un seguimiento del progreso de tus proyectos y ayudarte a resolverlos antes de que causen retrasos, poniendo de manifiesto los cuellos de botella, como un documento que está bloqueando el siguiente paso en un flujo de trabajo. Su mayor fortaleza es la adaptabilidad. Puedes diseñarlo para que se adapte a tu flujo de trabajo, ya sea para llevar a cabo un proyecto creativo en solitario o para gestionar un equipo de investigación con varias personas, y la capa de IA te ayudará a mantener ese sistema sano y equilibrado a lo largo del tiempo.

Estas herramientas suelen incluir análisis integrados que muestran en qué empleas tu tiempo, te avisan cuando te comprometes en exceso y destacan los cuellos de botella antes de que te hagan perder impulso. En lugar de limitarse a ayudarte a trabajar más rápido, te ayudan a trabajar con más enfoque y equilibrio, ya que realizan un seguimiento del propio sistema y no solo de tu lista de tareas.

Herramientas de gestión de proyectos y automatización

Herramienta	Para qué sirve	Plan gratuito y cuándo actualizar
Motion AI	Combina la gestión de tareas con la programación en calendario.	La prueba gratuita te permite probar la herramienta. Actualiza para acceder a todas las funciones de programación, automatización y herramientas avanzadas.
ClickUp AI	Plataforma completa de gestión de proyectos para organizar tareas, proyectos y plazos.	ClickUp ofrece un plan gratuito; las funciones de IA requieren actualizar a una suscripción de pago.
Notion AI	Espacio de trabajo flexible para notas, documentos y proyectos.	Notion tiene un plan gratuito; las funciones de IA se desbloquean con un complemento o suscripción de pago.

IA que funciona en tu entorno de trabajo

No siempre es necesario adoptar una plataforma completamente nueva para aprovechar las ventajas de la IA. A veces, la mejora más rápida de tu productividad proviene de integrar la IA directamente en las herramientas que ya utilizas a diario. Microsoft Copilot (para la suite 365), Google Gemini (para Workspace) y Apple Intelligence (para macOS, iOS y iPadOS) funcionan según este principio.

Pero lo más valioso no es solo la rapidez. Es la forma en que estas capas de IA mejoran tus flujos de trabajo existentes sin obligarte a aprender un proceso completamente nuevo. Estos sistemas integran la IA en tu entorno de trabajo principal para que puedan acceder a tus correos, documentos, reuniones y hojas de cálculo. Sigue trabajando en Outlook, Google Docs o Apple Mail, pero ahora hay un panel de IA en la misma ventana que puede comunicarse con las demás aplicaciones de tu ecosistema.

Puedes empezar pidiéndole que resuma un hilo de 20 correos electrónicos y, a continuación, en la misma conversación, indicarle que extraiga las acciones pendientes, las añada a tu calendario y cree un borrador de informe basado en la hoja de cálculo adjunta. Como está conectado directamente a tus documentos, bandeja de entrada y reuniones, puede extraer el contexto exacto que necesita y enviar los resultados directamente al lugar adecuado. Esto puede ahorrarte fácilmente una hora de trabajo.

Estas son solo algunas de las formas en que puedes utilizar la herramienta dentro de tus flujos de trabajo:

- **Correo electrónico y comunicación:** genera respuestas rápidamente, reformula el tono o la claridad y extrae tus propios seguimientos o recordatorios. Algunas herramientas pueden incluso marcar los mensajes de alta prioridad basándose en tu calendario o en tu comportamiento anterior.
- **Creación de documentos y contenidos:** convierte notas en borradores, resume documentos largos o reformatea contenidos. También puedes utilizar la IA para generar imágenes o diapositivas a partir de tu texto, o actualizar tus documentos personales, como plantillas o procedimientos operativos estándar.
- **Hojas de cálculo y trabajo con datos:** haz preguntas sobre tus propios datos, genera fórmulas, visualiza tendencias o crea resúmenes automáticamente sin conocer la función exacta.
- **Planificación de tareas y ejecución diaria:** la IA convertirá tus ideas generales y tu lista mental de tareas pendientes en un plan coherente. Si surge algo inesperado o cambia tu agenda, puede reorganizar tu día por ti para que no pierdas el ritmo al intentar hacerlo manualmente.

Cómo utilizan los equipos la IA para mantenerse coordinados

Todo lo que hemos comentado hasta ahora se aplica tanto a los equipos como a las personas. De hecho, muchas de las herramientas que ya hemos mencionado (como Microsoft Copilot, Google Gemini y Apple Intelligence) están diseñadas para funcionar a la perfección en entornos compartidos.

Cuando se colabora, los verdaderos problemas suelen surgir por la falta de comunicación, las tareas olvidadas o las actualizaciones dispersas entre el correo electrónico, Slack, los tableros de proyectos y las reuniones. La IA puede intervenir para unir la información automáticamente, de modo que los equipos se mantengan en sintonía sin tener que sincronizarse constantemente.

Así es como podría ser en la práctica:

- **Transcripción y resúmenes de reuniones:** herramientas como Zoom AI Companion, Google Meet + Gemini o Microsoft Teams + Copilot pueden transcribir reuniones en tiempo real, resaltar decisiones y generar un resumen en cuestión de segundos tras finalizar la llamada.
- **Asignación de tareas y resúmenes:** la IA puede extraer automáticamente las tareas pendientes de las transcripciones de las reuniones o los chats del equipo, asignarlas a la persona adecuada e incluso generar descripciones de las tareas basadas en el contexto.
- **Paneles compartidos y reuniones diarias:** plataformas como ClickUp y Notion pueden generar actualizaciones de estado automatizadas, recopilar el progreso de las tareas de múltiples colaboradores y resumir lo que está bloqueando al equipo sin que nadie tenga que rellenar un documento de estado.
- **Pizarras y lluvias de ideas:** si utilizas herramientas como FigJam, Notion AI o Miro, la IA puede ayudarte a convertir notas adhesivas y bocetos en documentos, esquemas o planes de acción claros.

Después de una sesión de lluvia de ideas de 30 minutos, la IA puede convertir la discusión en un resumen creativo pulido, asignar tareas a cada miembro del equipo y colocar todo en el tablero del proyecto. Nadie tiene que revisar notas apresuradas ni intentar recordar quién se comprometió a qué. Simplemente... está ahí.

Tanto si tu equipo comparte oficina como si trabaja en diferentes zonas horarias, estas funciones reducen las reuniones de estado, aceleran el seguimiento y ofrecen a todos una visión en tiempo real de lo que avanza y lo que se atasca.

No descuides la seguridad

Cuando conectas la IA a un espacio de trabajo compartido o a una herramienta de gestión de proyectos, la seguridad debe ser lo primero. Estas herramientas son más útiles cuando pueden acceder a los documentos, chats y calendarios del equipo, pero ese acceso siempre debe ser una elección consciente. Decide exactamente qué información debe tener la IA para ser eficaz y restringe todo lo demás. La mayoría de las plataformas incluyen ajustes de administración que te permiten:

- limitar el acceso de la IA a determinadas carpetas, canales o calendarios
- controlar si la IA puede leer datos históricos o solo actividades nuevas
- decidir dónde se almacena el contenido generado por la IA y quién puede verlo

También vale la pena informar a tu equipo exactamente a qué puede acceder la IA, a qué no y cómo manejar la información confidencial en los prompts. De esa manera, todos comprenden los límites y se evita compartir información accidentalmente.

Cuando todo empieza a encajar

Has aprendido a crear con IA, planificar con IA e integrar la IA en tus flujos de trabajo diarios. Ahora solo es cuestión de utilizarlas juntas, porque, una vez que empiecen a funcionar en conjunto, tu manera de trabajar cambiará por completo.

Es lunes por la mañana. Inicias sesión, abres tu panel de IA y ya ha resumido tu bandeja de entrada, marcado las prioridades reales y redactado la mitad de las respuestas. Ha introducido las acciones pendientes en tu gestor de tareas, ha rellenado tu calendario con plazos realistas y ha reunido los recursos que necesitarás. A medida que avanza la semana, la misma IA te ayuda a redactar contenidos, analizar métricas, generar informes y preparar presentaciones, y luego coloca el trabajo completado en el lugar adecuado para tu equipo o cliente y lo marca como «completado» sin que tengas que mover ningún archivo ni escribir un correo electrónico de entrega.

Eso es lo que eres capaz de hacer ahora. Tienes las herramientas para planificar de forma eficaz, convertir los planes en acciones y mantener todo en marcha sin apenas fricciones. Puedes llevar un proyecto de «solo una idea» a «entregado con éxito» sin caos, sin tiempo perdido ni interrupciones constantes.

12

IA generativa para operaciones comerciales y gestión de clientes

HAY una diferencia entre utilizar la IA para facilitar tu propio día a día y utilizarla para gestionar de forma silenciosa la mitad de tu negocio.

La productividad personal consiste en recortar minutos de tu lista de tareas pendientes. Los sistemas empresariales consisten en crear un sistema que gestione las tareas repetitivas y propensas a errores sin que tengas que estar pendiente de ellas.

El año pasado contraté a varios asistentes virtuales de Filipinas. Uno para diseño gráfico, otro para tareas administrativas y otro para redacción. Funcionó... más o menos. Luego probé algunos flujos de trabajo de IA. En un mes, había sustituido el 80 % de lo que hacían esos asistentes virtuales, a una fracción del coste y con mejores resultados.

Sin necesidad de supervisión.

Sin «¿puedes reenviarme eso?»

Sin tener que rehacer tareas por falta de comunicación.

Sin largos ciclos de retroalimentación esperando correcciones o revisiones.

Sin tener que gestionar constantemente a las personas o asegurarte de que están haciendo lo que se supone que deben hacer.

No necesitas más manos en el proceso. Necesitas una configuración que mantenga el sistema funcionando en piloto automático, ya sea que estés trabajando, durmiendo, pasando tiempo con tu familia o atascado en el tráfico.

En este capítulo, vamos a eliminar las tareas innecesarias: las interminables cadenas de correos electrónicos, los seguimientos que siempre se retrasan, los informes que tardan horas en elaborarse. Verás cómo la IA puede reducir la carga administrativa, mantener a los clientes contentos y dejarte más tiempo para el trabajo que realmente importa. Veremos una amplia gama de herramientas para hacerlo posible, y si alguna vez te parece demasiado, no te preocupes. Al final hay una tabla resumen que reúne todo en un solo lugar.

Una vez que esos sistemas estén en marcha, tu rutina diaria empezará a transformarse. Podrás dedicar más tiempo a desarrollar tu próximo producto en lugar de limpiar tu bandeja de entrada. Tómate unas vacaciones de verdad sin que el negocio se paralice. Reduce tus horas de trabajo sin reducir tus ingresos. Crece más rápido porque no estarás abrumado por las pequeñas tareas.

Contabilidad en piloto automático

Si alguna vez has abierto tu software de contabilidad y te has quedado con la mirada perdida, te entiendo perfectamente. Solía odiar la temporada de impuestos porque pasaba horas intentando condensar todo un año de contabilidad en un miserable fin de semana. ¿Qué tan malo es eso?

La mayoría de los empresarios saben que deberían revisar sus números con más frecuencia, pero no lo hacen porque el proceso es engorroso, lleva mucho tiempo y es fácil posponerlo para «más tarde».

La IA puede quitarte gran parte de esa carga mental. No tienes que rebuscar en interminables listas de transacciones ni tirarte de los pelos tratando de conciliar cuentas. Puede darte una visión clara y sencilla de tu situación financiera, para que sepas exactamente dónde estás y qué hacer a continuación.

QuickBooks and Zoho Books

En lugar de iniciar sesión en tu software de contabilidad una vez al mes y revisar todas tus transacciones, puedes conectar todas tus cuentas, importar los datos y configurarlo para que clasifique automáticamente los gastos. Eso significa que tu software clasifica automáticamente los recibos en las categorías adecuadas, como marketing, viajes y suscripciones, en segundo plano. Cada pocos días, un asistente de IA puede señalar cualquier cosa que no se ajuste al patrón habitual, como un doble cargo o una suscripción que hayas olvidado. A continuación, te ofrece un resumen de tus ingresos y gastos del mes con un panel de control fácil de leer. También puedes exportar estados de pérdidas y ganancias y balances sin tener que pasar medio sábado comprobando que los números coincidan.

QuickBooks no es la única opción. Zoho Books puede detectar automáticamente anomalías, como entradas duplicadas o registros incompletos, antes de que se vuelvan un problema.

Xero

Otra herramienta de contabilidad para pequeñas empresas ofrece funciones similares basadas en la inteligencia artificial para clasificar los gastos y señalar las transacciones inusuales. La mayoría de las principales herramientas de contabilidad tienen ahora algún nivel de capacidad de inteligencia artificial incorporada, y todas cubren las mismas funciones básicas. Realmente se reduce a una cuestión de preferencias personales. Si ya utilizas una, probablemente no necesites cambiar. Si estás empezando de cero, cualquiera de ellas es una buena opción.

Una vez que los libros están en orden, la siguiente pregunta es: ¿qué significan realmente los números? En lugar de pasar una tarde luchando con fórmulas, simplemente puedes preguntar. En Sheets, Gemini puede analizar las tendencias del flujo de caja. En Excel, Copilot puede señalar dónde aumentaron los gastos en comparación con el mes pasado. No se trata tanto de aprender nuevos trucos en una hoja de cálculo como de obtener respuestas directas que puedas utilizar.

Además de examinar los datos financieros del pasado, puedes usar estas mismas herramientas para ayudarte a pronosticar el futuro preguntando: «Dime qué tendencias financieras ves en mis datos que deba conocer para planificar los próximos tres meses». Se acabó cruzar los dedos y esperar que nada salga mal o confiar en cálculos aproximados que pueden ser correctos o no.

Y como el flujo de caja no se limita al gasto, puedes utilizar los recordatorios automáticos de cada plataforma o una integración con ChatGPT para dar seguimiento automático a las facturas atrasadas. Pueden redactar recordatorios amables para los clientes que llevan unos días de retraso y seguimientos firmes pero educados para los que llevan semanas sin pagar.

Marketing con apoyo de IA para quienes no son expertos en marketing

La capacidad de transformar un solo contenido en artículos de blog, vídeos, correos electrónicos y publicaciones en redes sociales mediante IA generativa puede reducir drásticamente tu tiempo de marketing.

Pero incluso los mejores flujos de trabajo tienen sus limitaciones. Aún hay que tener en cuenta la estrategia, los ajustes enfocados en la conversión y el conocimiento del sector, que suelen provenir de años de experiencia en marketing. Aquí es donde las herramientas adecuadas pueden ayudarte a que tu contenido de marketing sea más claro, convincente y útil.

En el capítulo 8 hablamos de herramientas como Jasper, que pueden generar una campaña completa de marketing a partir de un solo prompt de IA, incluyendo correos electrónicos, anuncios, artículos de blog y textos para páginas de aterrizaje, etc. Existen muchas más herramientas de este tipo, pero no es necesario comprometerte con una sola plataforma para obtener buenos resultados. Puedes combinar herramientas de IA para diferentes partes de tu proceso de marketing y seguir ahorrando tiempo.

Por ejemplo, una plataforma de redacción de blogs como **BrandWell** puede generar artículos largos y optimizados para SEO, listos para tu rápida edición. Los programadores sociales como **Publer** o **Metricool** pueden redactar, reutilizar y publicar en todos tus canales sin que tengas que hacer malabares con varios paneles de control. Si lo deseas, puedes unir varios de ellos para crear un sistema automatizado de generación de contenido. Y sinceramente, ahora hay una herramienta de IA para casi todas las áreas del marketing: diseño, redacción, correo electrónico, análisis... lo que se te ocurra.

Una vez que tengas controlado el contenido principal, puedes añadir herramientas especializadas para mejorar aún más tus resultados. **Ocoya** puede generar automáticamente docenas de versiones de publicaciones y elegir las que mejor funcionan. **Anyword** puntúa los titulares y los textos de anuncios según las tasas de conversión previstas antes de que gastes un solo dólar en publicidad. **Unbounce Smart Copy** puede crear y optimizar páginas de aterrizaje adaptadas a tu audiencia y tus objetivos. Estas herramientas no sustituirán tu sistema principal, pero te ayudarán a asegurarte de que todo lo que publiques funcione al máximo rendimiento.

Todo esto puede parecer abrumador cuando apenas consigues publicar en una plataforma social tres veces por semana. No necesitas implementar ni recordar todas estas herramientas ahora mismo. Solo tienes que saber que, en lo que respecta al marketing, puedes utilizar una o dos herramientas de IA económicas que te permiten publicar de forma constante contenido que se convierte en seguidores y ventas sin necesidad de contar con un equipo de marketing a tiempo completo.

Un ejemplo de conjunto de herramientas que podrías utilizar sería BrandWell para crear contenido de blog que luego puedes reutilizar en contenido social y una newsletter por correo electrónico, HeyGen para convertir esos blogs en vídeos de YouTube y Publer para programar todo tu contenido y reciclar el que mejor rendimiento tiene. Todo esto te costará unos 300 € al mes por el coste de la suscripción y unas pocas horas de tu tiempo. Externalizar tu marketing a una agencia cuesta entre 1 500 € al mes para una pequeña empresa y más de 10 000 € al mes para una gran empresa. Así es como una pequeña empresa puede competir con otras mucho más grandes con equipos diez veces mayores.

Cómo aumentar las ventas

Gran parte del valor real de la IA en las ventas proviene del trabajo tedioso y poco visible: escribir correos electrónicos, hacer seguimientos o convertir las notas de las reuniones en propuestas claras y útiles. Cosas que no son emocionantes, pero que son necesarias para que los negocios sigan adelante.

Para esas tareas, las herramientas básicas de IA que ya has aprendido en este libro pueden funcionar perfectamente:

- ChatGPT puede perfeccionar los correos electrónicos en frío para que suenen más claros y seguros
- Notion AI puede convertir las notas de las reuniones en un borrador de propuesta
- ChatGPT puede ayudarte a crear plantillas para gestionar las objeciones
- tu CRM (Pipedrive, HoneyBook, etc.) puede gestionar los recordatorios y los seguimientos
- Gemini en Google Docs puede transformar las actualizaciones en un formato que puedes compartir de inmediato

Si buscas una automatización aún más orientada a las ventas, los agentes de ventas con IA están ayudando a los equipos a trabajar con más rapidez y criterio. No se trata solo de chatbots en un sitio web.

Regie.ai se centra en generar y personalizar contenido de ventas, como correos electrónicos y mensajes de LinkedIn.

Patagon.ai proporciona inteligencia sobre clientes potenciales al enriquecer los datos de contacto y ayudar a los representantes a dirigirse a los clientes potenciales adecuados.

Exceed.ai va un paso más allá al automatizar la comunicación por correo electrónico y por chat, gestionar los primeros intercambios y programar reuniones una vez que el cliente potencial está calificado.

Estas herramientas se encargan de gran parte del trabajo pesado del proceso de ventas, pero no concretan las ventas. Las personas siguen encargándose de generar confianza y negociar. Sin embargo, pueden llevar a un cliente potencial casi hasta el final antes de que intervenga un humano, de modo que, cuando el vendedor interviene, la conversación ya está encaminada.

Empresas reales informan que estas herramientas ofrecen resultados concretos. Algunos equipos han visto crecer en un 20 % sus tasas de conversión, otros reportan un 47 % de aumento y algunos incluso han cerrado hasta un 40 % más de ventas.

No todas las soluciones de IA para ventas están pensadas para ayudar con las tareas repetitivas, sino para ayudar a los vendedores a mejorar su desempeño.

Herramientas como **Lavender** ofrecen asesoramiento en tiempo real mientras redactas correos electrónicos de ventas, evaluando el tono, la estructura e incluso la probabilidad de respuesta. Su ventaja es que ha sido entrenada con millones de correos electrónicos y secuencias de ventas reales, por lo que sus comentarios están ajustados al contexto comercial.

En cuanto al análisis de llamadas, **Gong** puede revisar conversaciones pasadas para mostrar qué hacen de manera distinta los mejores representantes y señalar las ventas en riesgo.

Cresta se especializa más en el coaching en tiempo real durante las llamadas en directo y también ofrece información sobre las conversaciones.

Clari, por su parte, utiliza la IA para analizar los procesos y predecir qué ventas tienen más probabilidades de concretarse.

Ninguna de estas herramientas sustituye a un buen vendedor. No están pensadas para eso. En cambio, proporcionan a los equipos de ventas los recursos que necesitan para concentrarse en lo que mejor saben: su fortaleza principal, cerrar ventas. En lugar de que la IA reemplace puestos de trabajo, los informes indican que las empresas que usan la IA en ventas están logrando más cierres y, en general, contratando a más vendedores.

Mejorar la experiencia del cliente con IA

Cuando los clientes potenciales se convierten en clientes, lo siguiente es hacerles sentir que tomaron la decisión correcta. La IA es sorprendentemente buena en esta parte. No porque sustituya el toque humano, sino porque te da más oportunidades de hacer que cada cliente se sienta valorado con un alto nivel de compromiso que no requiere mucho esfuerzo por tu parte.

Si tienes un equipo reducido, las mismas herramientas de uso general que ya hemos mencionado (ChatGPT, Notion AI y Gemini) pueden encargarse de las tareas básicas, como las listas de verificación de incorporación, los seguimientos cordiales y los testimonios. Sin embargo, las herramientas de esta sección, aunque no son «herramientas de IA», incluyen funciones de IA que pueden hacer todas estas cosas por ti.

Y si trabajas en un sector altamente regulado o basado en el cumplimiento normativo, como los seguros, los servicios financieros o la sanidad, **Instabase** es la herramienta que se paga sola. Puede liberar a tu equipo de las tareas administrativas rutinarias leyendo, procesando y organizando documentos de forma automática, señalando problemas de cumplimiento e incluso verificando identificaciones.

Algunos clientes son más complejos que otros y tienen necesidades diferentes. **EverAfter** utiliza la IA para crear interfaces de cliente individuales que se personalizan para cada caso. Estas interfaces pueden ofrecer la incorporación de clientes y un plan de éxito para el cliente que genera recomendaciones personalizadas basadas en sus objetivos.

ChurnZero lleva la IA directamente al éxito del cliente con su plataforma *Customer Success AI*. Sus agentes de IA actúan como asistentes digitales para los CSM, analizando el uso de los productos, la interacción, los datos de las encuestas y las integraciones de CRM para ofrecer una visión completa de cada cliente. Con sus diversas herramientas, ChurnZero ayuda a los equipos a anticipar los riesgos de pérdida de clientes, personalizar la interacción a gran escala y descubrir oportunidades de crecimiento.

No estás delegando tus relaciones con los clientes en la IA. La estás utilizando para ocuparte del trabajo que no necesita ser realizado por un humano, de modo que tú y tu equipo podáis mantener al cliente en primer plano. Al igual que la IA ayuda a los vendedores a dedicar más tiempo a cerrar ventas, también ayuda a los gestores de cuentas y a los equipos de éxito del cliente a centrar su energía en cumplir lo prometido para que los clientes se conviertan en seguidores fieles. Y los seguidores fieles se traducen en retención.

IA para RR. HH.

Los recursos humanos están llenos de trabajo que hay que hacer, pero que a menudo parece no aportar gran valor: redactar descripciones de puestos, seleccionar currículos, gestionar el papeleo de incorporación, procesar nóminas y cumplir con la normativa. Ninguna de estas tareas debería apartar a

RR. HH. de su verdadero objetivo: crear equipos y culturas fuertes. La IA no sustituirá el lado humano de la contratación y el desarrollo, pero puede reducir considerablemente el tiempo dedicado a la gestión administrativa.

Contratar al candidato adecuado sigue siendo una de las tareas más difíciles en el mundo empresarial. Las empresas dedican cantidades astronómicas de tiempo y dinero a la contratación. Pero la IA puede ayudar a resolver ambos problemas, y existen bastantes herramientas diseñadas específicamente para la adquisición de talento.

En primer lugar, necesitas una descripción del puesto adecuada. **sixfifty AI** acelera el proceso redactando descripciones de puestos que cumplen la normativa y reducen los sesgos, y perfeccionando el lenguaje para que se adapte tanto al puesto como a la cultura de la empresa. A la hora de seleccionar a los candidatos y realizar entrevistas, plataformas como **HireVue** e **Interviewer.ai** utilizan evaluaciones en vídeo basadas en la IA, análisis de comportamiento y selección de currículos para ayudarte a encontrar candidatos sólidos más rápidamente. Sus modelos también ayudan a reducir los sesgos en el proceso de selección.

Una vez que has encontrado a la persona adecuada para el puesto, en lugar de ahogarte en consultas repetitivas, los equipos de RR. HH. pueden centrarse en crear una experiencia acogedora durante la primera semana. **Leena AI** puede guiar a los nuevos empleados a través de los pasos de incorporación, responder a preguntas frecuentes sobre prestaciones y políticas de la empresa e incluso automatizar el papeleo de cumplimiento. El proceso de configuración es complejo, ya que hay que introducir toda la información de RR. HH. de la empresa en Leena AI, pero el ahorro de tiempo final lo compensa.

Y RR. HH. no solo se ocupa de contratar a nuevas personas, sino también de retener a las adecuadas. Las herramientas de IA como **eightfold.ai** y las plataformas de participación de los empleados como **Workday Peakon** pueden analizar las respuestas a las encuestas, los datos de rendimiento y los patrones de rotación de personal. Ayudan a los responsables de RR. HH. a tomar mejores decisiones sobre la planificación de la plantilla, el desarrollo profesional y la cultura de la empresa. **Hone AI** ayuda a los empleados a mejorar sus habilidades y desarrollar sus capacidades de liderazgo durante su jornada laboral.

Los RR. HH. siempre manejan datos confidenciales, por lo que la privacidad, el control de acceso y las comprobaciones de cumplimiento siguen siendo innegociables. Sin embargo, si se utilizan correctamente, estas herramientas de IA eliminan el trabajo rutinario de RR. HH. y dan a los profesionales lo que más necesitan: tiempo para centrarse en las personas.

Implementación y expansión de la IA en un entorno de equipo

A estas alturas, ya deberías haber notado el patrón. En finanzas, ventas, marketing y RR. HH., la IA cumple la misma función: reducir las tareas repetitivas para que tu equipo pueda dedicar más tiempo a las actividades que realmente hacen avanzar el negocio. Pero la IA solo funciona si se integra en procesos sólidos ya existentes. Si se introduce en un sistema defectuoso, solo amplificará los problemas.

Por eso, el enfoque más inteligente no es una revisión a gran escala. Es empezar poco a poco. Piensa en un flujo de trabajo que tu equipo ya realiza cada semana y que consume más tiempo del que debería. Para muchas empresas, ese flujo de trabajo suele ser la gestión de redes sociales. Un asistente de marketing pasa horas reescribiendo una entrada de blog para convertirla en una actualización de LinkedIn, un pie de foto de Instagram, un hilo de X y tal vez un correo electrónico. Con una herramienta de reutilización de IA como **Copy.ai Workflows** o **Taplio**, todo ese proceso puede reducirse de una hora a diez minutos.

O piensa en la contratación. En lugar de intentar automatizar todo el proceso de selección, empieza por la parte que todos odian: la pila de currículos. Una herramienta de selección basada en IA puede marcar a los candidatos con las palabras clave adecuadas y filtrar los que claramente no encajan en cuestión de minutos. El responsable de contratación sigue decidiendo a quién entrevistar, pero no tiene que pasar dos días revisando currículos.

El patrón es el mismo independientemente del departamento. Elige un flujo de trabajo. Añade una herramienta. Comprométete con ella durante 90 días. Consérvala si realmente te ahorra tiempo y esfuerzo. Luego pasa al siguiente proceso.

En empresas más grandes o complejas, el plazo de 90 días sigue siendo válido para las pruebas piloto. Por lo general, en tres meses sabrás si una herramienta se adapta al flujo de trabajo. Sin embargo, su implementación en varios equipos o en procesos con un alto grado de cumplimiento normativo puede llevar más tiempo. Calcula entre seis y doce meses para su adopción completa, especialmente si hay que tener en cuenta diferencias legales, de seguridad o regionales.

Consejo profesional: no abandones demasiado pronto. Al principio, el uso de herramientas de IA puede llevar más tiempo que tu antiguo proceso, porque tu equipo aún está aprendiendo a solicitar, ajustar y aplicar los resultados de manera eficaz. La mayoría de las personas abandonan demasiado pronto y dicen que «la IA no funciona», cuando la verdad es que no se han dado el tiempo suficiente para dominarla. Trata la IA como una habilidad (porque lo es) y el ROI se verá una vez que tu equipo se sienta cómodo.

Cómo empezar

Si estás listo para incorporar la IA a tu negocio, empieza por lo básico y mantén la concentración:

- audita tu tiempo e identifica las tareas repetitivas
- elige un proceso de bajo riesgo para optimizarlo primero
- estandarízalo con una lista de verificación o una plantilla
- añade la automatización solo si realmente ahorra tiempo
- usa la tabla resumen de herramientas de IA al final de este capítulo para elegir la herramienta adecuada para el trabajo

La mayoría de las empresas se sienten abrumadas por la IA porque la tratan como una estrategia en lugar de como una herramienta. Las empresas que tienen éxito con la IA no se precipitan a «aplicar la IA a todo». Avanzan integrando la IA en una tarea o proceso a la vez, lo que les permite mejorar lo que ya funciona sin tener que rehacer todo el negocio.

Herramientas de IA para operaciones empresariales

Herramienta	Qué hace
Finanzas y contabilidad	
QuickBooks	Automatiza la contabilidad al categorizar gastos, conciliar cuentas y generar informes.
Zoho Books	Detecta anomalías como entradas duplicadas o incompletas y simplifica las tareas contables.
Xero	Utiliza IA para categorizar transacciones y detectar actividad inusual.
Marketing	
BrandWell	Genera contenido extenso y optimizado para SEO, como publicaciones y artículos de blog.
Publer	Redacta, programa y reutiliza publicaciones en redes sociales en distintas plataformas.
Metricool	Gestiona y analiza el rendimiento en redes sociales, utilizando IA para generar textos y subtítulos.
Ocoya	Crea múltiples versiones de publicaciones y predice cuáles tendrán mejor rendimiento.
Anyword	Evalúa y optimiza textos publicitarios y titulares para mejorar conversiones.
Unbounce Smart Copy	Escribe textos para páginas de destino, anuncios y correos adaptados a tu audiencia.
HeyGen	Convierte contenido de blog en vídeos generados con IA utilizando avatares.
Copy.ai Workflows	Reutiliza contenido en distintos formatos mediante automatización.
Taplio	Ayuda a generar y programar publicaciones en LinkedIn, reutilizar contenido y captar clientes potenciales.
Ventas	
Lavender	Entrena correos de ventas en tiempo real para mejorar tono, claridad y probabilidad de respuesta.
Regie.ai	Crea secuencias personalizadas de prospección y seguimiento de ventas.
Gong	Analiza llamadas de ventas para identificar buenas prácticas y mejorar el rendimiento.

Herramientas de IA para operaciones empresariales (cont.)

Operaciones de ventas	
Clari	Predice resultados de negociaciones y mejora las previsiones de ingresos.
Cresta	Asiste a los representantes de ventas en tiempo real durante las llamadas con sugerencias de próximas acciones.
Drift	Chatbots conversacionales de IA para calificar clientes potenciales y atraer visitantes web.
Patagon.ai	Agente de ventas con IA que automatiza el contacto y la captación temprana de clientes potenciales.
Exceed.ai	Genera y nutre clientes potenciales mediante correos automatizados y programación de reuniones.
Experiencia del cliente	
Rocketlane	Agiliza la incorporación de clientes con plantillas, cronogramas y portales personalizados.
EverAfter	Crea planes de éxito en tiempo real para clientes, con hitos y objetivos compartidos.
Instabase	Automatiza el procesamiento de documentos, las verificaciones de cumplimiento y la validación de identidad.
Recursos humanos (RR. HH.)	
Textio	Redacta ofertas de empleo inclusivas y libres de sesgos.
HireVue	Evalúa candidatos con revisión de currículos asistida por IA y entrevistas en vídeo.
Fetcher	Automatiza la búsqueda y análisis de currículos para identificar a los mejores candidatos.
Talmundo	Simplifica la incorporación con planes de formación y materiales de bienvenida.
Leena AI	Asistente de RR. HH. que automatiza consultas de empleados y tareas de incorporación.
Rippling	Automatiza la nómina, los beneficios y la gestión de cumplimiento.
Deel	Gestiona nóminas y cumplimiento para equipos internacionales.
Peakon (Workday)	Analiza encuestas de empleados para detectar tendencias culturales y de rendimiento.

13

Cómo iniciar un negocio con IA generativa

¿RECUERDAS el pódcast de IA de Arnold? No solo hizo creer a la gente que era real, sino que consiguió una audiencia fiel y una valoración de 4,9. Eso demuestra que, con transparencia y calidad, se pueden crear productos basados en IA que la gente de verdad aprecia. Y aunque no seas Arnold, los mismos principios se aplican a cualquier escala. La IA no te hará rico de inmediato. Sin embargo, los emprendedores individuales que usan las herramientas de IA adecuadas ahora pueden lograr lo que antes requería equipos completos. La visión y el criterio humanos impulsan los negocios; la IA se ocupa de las tareas repetitivas y rutinarias que no requieren pensamiento estratégico.

Cuando empecé a publicar en Amazon, necesitaba 2 000 $ (unos 1 850 €) al mes para pagar mis facturas. Durante el último año, ese objetivo sencillo se convirtió en un negocio con múltiples fuentes de ingresos que superó mis expectativas más optimistas, y la IA generativa fue la base de todo. Lo primero fue la autoedición. Al principio, la IA me ayudó con pequeñas tareas, como redactar borradores y escribir descripciones. La experimentación me llevó a descubrir herramientas de IA que me ayudaron a crear un blog, a construir una presencia en las redes sociales y, finalmente, a crear «máquinas de contenido» que automatizan gran parte del proceso.

Ahora, varias fuentes de ingresos están casi totalmente automatizadas. La IA se encarga de la mayoría de las tareas. Aun así, controlo la calidad de cada producto.

El agotamiento de un trabajo poco inspirador fue lo que me motivó a buscar ingresos pasivos. Quería una vida alineada con mis valores. Sin embargo, irónicamente, mis horas de trabajo superan las de mi empleo tradicional ahora. Construir algo significativo transforma el ajetreo interminable en la construcción de una vida a tu manera. Una vez que empiezas a preocuparte por lo que estás construyendo, se trata menos de ingresos pasivos y más de tener opciones. Estoy seguro de que te ocurrirá lo mismo.

Venta de productos digitales generados por IA

Si la IA es el medio para hacer realidad una visión más amplia que tienes, crear productos digitales es un buen punto de partida con una inversión relativamente pequeña. Si puedes crear un gran producto con IA y combinarlo con tu público o un poco de dinero para marketing, puedes iniciar algo que podría crecer hasta convertirse en un negocio importante. Lo mejor de crear productos digitales con IA es que puedes elegir un nicho que te apasione. Pueden ser aficiones como la artesanía, los deportes, los gatos, el camping o tu experiencia profesional.

Productos digitales vendidos a través de las redes sociales

Para la mayoría de las personas que empiezan sin público, sin dinero y con tiempo limitado, las redes sociales son la forma más rápida de lanzar y vender productos digitales sencillos. No se trata de negocios que crecen de la noche a la mañana, pero son ingresos extra o un proyecto paralelo que puedes llevar a cabo a tiempo parcial y que puede convertirse en algo más grande.

Estos son solo algunos ejemplos de lo que se vende actualmente:

- padres ocupados que comparten pequeños «trucos para la vida» en TikTok y luego enlazan a tablas imprimibles con la rutina matutina de la familia o a registros de tareas domésticas en Etsy o Gumroad

- profesores que crean sencillos planificadores semanales o colecciones de prompts de ChatGPT para planificar las clases y los venden a través de un enlace en su biografía después de publicar consejos útiles para docentes
- entusiastas del fitness que publican vídeos cortos de ejercicios para hacer en casa y ofrecen planes de entrenamiento, planes de comidas y guías de preparación de comidas como descargas instantáneas
- estudiantes o jóvenes profesionales que venden plantillas de currículums, cartas de presentación y perfiles de LinkedIn, promocionadas mediante vídeos cortos que explican cómo destacar en un mercado laboral saturado
- cocineros aficionados que comparten vídeos de recetas fáciles y venden planes semanales de comidas con listas de la compra en formato PDF
- aficionados a hobbies especializados (como artesanos, jardineros o fotógrafos) que crean una audiencia con tutoriales y ofrecen plantillas de proyectos, listas de materiales o ajustes preestablecidos de edición como descargas de pago
- asesores financieros que venden herramientas de seguimiento presupuestario en Notion o Google Sheets y utilizan TikTok para publicar historias del tipo «cómo ahorré 500 $ (unos 460 €) este mes»
- creadores de contenido sobre mentalidad o bienestar que graban breves prompts motivadores en Reels y venden tarjetas de afirmación imprimibles o plantillas de reflexión guiada

Lo importante es que ninguno de ellos requiere una tienda física, un almacén o incluso una gran audiencia. Todo lo que necesitas es:

1. una idea de producto que aborde un problema pequeño pero real
2. unas cuantas publicaciones que muestren el producto en uso
3. un enlace en la biografía (Stan Store, Gumroad, Etsy, Payhip) donde la gente pueda comprar al instante

Puedes pedirle a ChatGPT que genere ideas de contenido para un mes en Instagram, TikTok o YouTube Shorts que se ajusten al problema que resuelve tu producto. También puede redactar guiones, pies de foto, hashtags y llamada a la acción (CTA) para que puedas centrarte en la grabación. Una vez que tengas algunos vídeos publicados, Canva te facilita la tarea de convertir capturas de pantalla o clips en publicaciones para múltiples plataformas. No te vas a hacer viral ni a convertirte en millonario de la noche a la mañana, pero ser constante y experimentar con diferentes enfoques para conectar con tu público objetivo terminará dando resultados en forma de ventas.

Los creadores que utilizan este proceso exacto ganan entre unos cientos de dólares (o euros) al mes y decenas de miles. Un emprendedor en paralelo en TikTok ganó 22 000 $ (unos 20 000 €) en solo dos semanas utilizando ChatGPT, Canva y una tienda Stan. Otro emprendedor alcanzó 20 000 $ (unos 18 000 €) al mes vendiendo diarios y cuadernos de trabajo asistidos por IA, todos ellos promocionados a través de contenido social. Son cifras reales que muestran que algo «sencillo» puede ser muy rentable si se combina con dedicación y un uso inteligente de la IA.

Autoedición

Los libros son activos, lo que hace de la autoedición una de las formas más directas de usar la IA para generar ingresos. Una vez que están disponibles en Amazon con reseñas, pueden seguir vendiéndose durante años con un mínimo de trabajo adicional. Un buen negocio editorial puede venderse en el mercado por entre 28 y 42 veces sus ingresos mensuales, lo que significa que, si tu negocio editorial gana 3 000 $ (unos 2 750 €) al mes después de los gastos operativos, podría valer hasta 125 000 $ (unos 115 000 €). Hay editoriales que ganan entre 10 000 y 20 000 $ (entre 9 200 y 18 400 €) al mes. Impone ver los números en perspectiva.

No puedo cubrir aquí todos los pasos para iniciar un negocio editorial exitoso. Eso daría para todo un libro. Y ahora ya sabes cómo utilizar la IA para aprender nuevas habilidades.

Sin embargo, diré que hay una forma correcta y una forma incorrecta de publicar libros con IA. Seguro que has leído libros autoeditados en Amazon que te han dejado pensando: «¿Qué acabo de leer?». La mayoría de los autores noveles nunca se dan cuenta del nivel de éxito que se puede alcanzar con la autoedición porque no dedican el tiempo ni el esfuerzo necesarios para crear un producto de alta calidad. Utilizan ChatGPT para compilar un libro en un día sin tener en cuenta el recorrido del lector ni realizar ninguna edición. Ese libro recibirá malas críticas poco después de su publicación, lo que acabará con las ventas. O bien creen que un libro debe tener al menos 80 000 palabras para ser valioso para el lector, por lo que abandonan antes incluso de publicarlo.

Las personas que ganan dinero con la IA en la autoedición publican libros más cortos y específicos que resuelven un problema o satisfacen una curiosidad. Una guía práctica de entre 20 000 y 30 000 palabras puede ganar más que un manuscrito inflado, porque los lectores quieren información valiosa que puedan leer en un fin de semana. Las revistas y los libros de ejercicios son otro punto de entrada que no lleva mucho tiempo crear, pero si se posicionan bien con buenas reseñas, se venden de forma constante. No ganarás tanto dinero con ellos, pero son más rápidos de crear. Los libros para colorear y los libros de actividades también son rentables en Amazon y en plataformas sociales como TikTok.

Pero además de un buen libro, necesitas una portada atractiva, un buen título y anuncios en Amazon para impulsar tus ventas y posicionarte mejor en su algoritmo, de modo que consigas ventas orgánicas. Si tienes poco capital inicial, la autoedición puede no ser el mejor modelo de negocio para empezar. Se pueden necesitar 30 días para producir un libro excelente y otros 60 a 90 días para probar los anuncios antes de empezar a obtener beneficios. No es raro gastar entre 300 y 1 000 € en publicidad, dependiendo del nicho, antes de ver cómo tu libro sube en la clasificación.

Esta es la herramienta que utilizo para gestionar mi negocio editorial:

- Claude para redactar y ampliar capítulos, pensar en títulos y subtítulos
- Grammarly para editar y mejorar la redacción
- Canva para diseñar portadas e imágenes internas
- Vellum para el formato
- publicar y distribuir a nivel mundial con Amazon KDP
- Helium10 para lanzar y gestionar anuncios en Amazon

Publica un libro, luego otro. Es probable que un solo libro no genere ingresos significativos, pero entre tres y cinco libros en un nicho pueden sumar fácilmente entre 300 y 1 500 € al mes, dependiendo del nicho y la demanda.

¿Alguna vez has oído hablar de un negocio con un margen de beneficio del 100 %? Una persona creativa y comprometida podría crear un libro con 0 €, publicarlo en Lulu Direct y empezar a venderlo en TikTok solo con el alcance orgánico. No sucederá rápidamente, pero te sorprendería lo que podrías construir en un año. Una vez que están en marcha, estas fuentes de ingresos son en su mayoría pasivas.

Cursos en línea

Los cursos son el lugar donde tu experiencia realmente puede escalar, pero requieren una mayor inversión inicial. Muchos aspirantes a emprendedores y creadores de cursos ven cursos de 1 500 a 2 000 € en el mercado y piensan que deben replicarlos desde el principio. Casi nadie los termina y se tarda una eternidad en crearlos. Seguir ese enfoque es casi garantizar el fracaso. O bien lo dejarás o pasarás varios meses creando tu curso solo para descubrir que módulos enteros no conectan con tu público objetivo. La vía más rápida es la formación breve: cursos cortos y específicos que abordan un problema en una sesión.

Al igual que con los libros, los alumnos quieren un curso que puedan completar en un fin de semana y aplicar de inmediato. Podrías dedicar una semana a crear un microcurso de 50 a 100 € que ofrezca de 3 a 6 horas de aprendizaje. Piensa en «Cómo configurar anuncios de LinkedIn en una hora» o «Guía para principiantes sobre la elaboración de pan de masa madre», en lugar de «Todo lo que necesitas saber sobre marketing, pan y más». Los cursos breves son más fáciles de vender, completar y mantener actualizados. También son una forma relativamente poco arriesgada de poner a prueba tu mercado. Puedes crear algo pequeño, empezar a venderlo y luego utilizar los comentarios de los clientes para perfeccionar tu curso y ampliar tu oferta. Ese microcurso podría ampliarse poco a poco con el tiempo hasta convertirse en un curso que se venda por 300 €, luego por 600 € y después por 1 500 €, a medida que le añadas más valor.

En cuanto a la creación del curso, la IA puede seleccionar el tema, esbozar los módulos, generar cuestionarios, redactar hojas de trabajo o crear presentaciones de diapositivas. Pero tú sigues siendo quien debe aportar los conocimientos y los ejemplos. A la gente no le gusta la información genérica que puede encontrar en Internet y no paga por los conocimientos de la IA. Paga por tu experiencia, organizada de manera que les ayude a obtener resultados. Recuerda que la IA solo acelera el lanzamiento al mercado.

Aquí tienes un ejemplo de herramientas que podrías utilizar para crear tus propios cursos:

- ChatGPT para esbozar lecciones y generar borradores de materiales (cuestionarios, hojas de trabajo, guiones)
- Canva para diseñar diapositivas pulidas y elementos visuales de apoyo
- Descript para grabar y editar lecciones cortas rápidamente sin necesidad de conocimientos técnicos
- Teachable para alojar y vender tu curso con un sistema de pago integrado y gestión de alumnos

El secreto para ganar impulso con los productos digitales

Los productos digitales a menudo se convierten en ventas solo cuando hay pruebas sociales de que el producto es bueno y cumple lo que promete. Estas pruebas sociales se presentan en forma de opiniones de clientes sobre el producto, y el número de reseñas que necesitas para que tu producto comience a venderse de manera constante depende de la plataforma.

Las primeras reseñas rara vez se producen por casualidad. Necesitas un plan para conseguirlas. La forma más sencilla es realizar tus primeras ventas a personas que ya conoces o con las que puedes contactar directamente. Ofrece un descuento por compra anticipada o una bonificación a cambio de una reseña honesta. Únete a comunidades especializadas en Reddit, Facebook o Discord donde se reúna tu público objetivo y comparte allí tu producto. Deja claro que buscas opiniones. También puedes combinar tu nuevo producto con algo barato en plataformas como Etsy o Gumroad para atraer a más compradores y reseñas. El objetivo en esta etapa es generar impulso. Una vez que tengas entre 5 y 10 reseñas sólidas, las tasas de conversión aumentarán notablemente, y ahí es cuando todo tu esfuerzo comenzará a dar resultados en forma de ganancias.

Conseguir las primeras ventas y reseñas suele ser aún más fácil si ya tienes una audiencia (un boletín informativo, seguidores en LinkedIn o un canal de

YouTube). Si no tienes una audiencia a la que vender, ese suele ser el mejor lugar para empezar antes de introducir tus propios productos en el mercado. Pero la IA generativa también puede ayudarte a crear una audiencia y ganar dinero al mismo tiempo.

Crea contenido que convierta a tus seguidores en ingresos

Una audiencia comprometida se convierte en un recurso valioso que puedes monetizar con anuncios, asociaciones de afiliados, patrocinios o lanzando tus propios productos más adelante. Por eso muchos creadores comienzan con modelos que dan prioridad al contenido, como blogs, pódcasts o canales de YouTube anónimos.

Lo que une a estos modelos es que son algunas de las formas más económicas de empezar. No necesitas una tienda física, inventario ni siquiera mostrar tu rostro. Tu principal inversión es la constancia.

La monetización viene después. Una vez que hayas construido una audiencia y te hayas ganado su confianza, puedes:

- activar los ingresos por publicidad (YouTube, blogs)
- promocionar productos de afiliados que se ajusten a tu nicho
- vender tus propios productos o servicios digitales al público que ya has creado

Muchas personas empiezan por aquí. Es barato, te enseña a generar confianza con tu público y te prepara para ofrecer productos más caros en el futuro.

Pódcasting

Ya has visto cómo convertir un artículo de blog en un pódcast. Pero, ¿sabías que puedes monetizar un pódcast y convertirlo en una fuente importante de ingresos? Puedes ampliar el mismo proceso que has aprendido anteriormente a un programa completo. Empieza utilizando ChatGPT para generar ideas para episodios, crea el esquema de tu programa y amplía el esquema hasta convertirlo en un guion. A continuación, utiliza ElevenLabs para grabar el episodio con una voz natural generada por IA. Descript se encarga de la edición, lo que te permite suavizar las transiciones y realizar cortes. Castmagic puede convertir tu episodio en transcripciones, citas y clips que puedes utilizar para la promoción. Una vez que todo esté listo, sube el episodio a **Spotify for Podcasters**, que lo distribuye gratis en todas las plataformas.

A medida que tu biblioteca de episodios crezca, podrás aplicar estrategias de monetización. Los enlaces de afiliados en las notas del programa, las propuestas de patrocinio redactadas con ChatGPT o el contenido premium adicional son opciones que podrás utilizar una vez que hayas conseguido consistencia y audiencia. El flujo de trabajo no cambia. Simplemente estás desarrollando sobre lo que ya has creado, y puedes volver a episodios antiguos y monetizarlos meses más tarde.

Sin embargo, el pódcasting es un juego a largo plazo. Si esperas ganar dinero rápido, probablemente este no sea el modelo adecuado para ti. A menudo se necesitan meses de publicación constante antes de que la audiencia crezca lo suficiente como para obtener ingresos de ella. Sin embargo, si te gusta conversar, compartir ideas o quieres establecer tu autoridad en un nicho, un pódcast puede ser una forma divertida de ganar dinero.

Blogs

Si has seguido los capítulos anteriores, ya has visto lo fácil que es redactar, pulir y publicar una entrada de blog con IA. Sin embargo, los blogs no son solo herramientas de marketing. Pueden convertirse en negocios reales que generan ingresos considerables, incluso de siete u ocho cifras al año.

En el pasado, alguien que dedicaba entre 20 y 30 horas a la semana podía publicar quizás cinco entradas. Ahora, con las herramientas adecuadas y un buen proceso, puedes conseguir la misma salida en 5-10 horas. Esto significa que podrías publicar más entradas y aumentar el tráfico de tu sitio web más rápido que antes.

El tráfico es la base de todo blog. Una vez que una publicación se posiciona en los motores de búsqueda y empieza a atraer lectores, puedes monetizarla a través de las publicaciones de tu blog. Algunas entradas serán informativas, con el objetivo de educar a tus lectores sobre un tema específico. Otras serán transaccionales, en las que los lectores suelen tener la intención de comprar un producto. Se trata de entradas del tipo «Las 7 mejores herramientas para lograr X», en las que la gente investiga antes de realizar una compra. Si leen tu entrada, hacen clic en tu enlace único y luego realizan una compra, tú recibes una comisión. A veces estas comisiones son de solo unos pocos euros; otras veces, de cientos o incluso miles. Depende del producto y del nicho.

Alternativamente, si tienes tu propio producto o curso que podría ayudar a tu público a alcanzar sus objetivos, también puedes venderlo en tus publicaciones. Una sola entrada con buen rendimiento puede generar ingresos constantes durante años, pero normalmente hay que publicar docenas antes de ver resultados consistentes.

Al igual que con los pódcasts, los blogs son un juego más largo que algunos de los otros modelos de negocio de IA. Para la mayoría de los principiantes, la estrategia más acertada es considerar los blogs como una *base* y no como el objetivo final. Un blog rara vez genera muchos ingresos por sí solo en los primeros seis meses, pero es una de las formas más baratas de aumentar la audiencia y establecer autoridad en tu nicho. Más adelante, esos mismos lectores pueden convertirse en clientes de tus cursos, libros o plantillas.

Crear un blog con IA generativa consiste en establecer un proceso sencillo que puedas repetir. El primer paso es la investigación de palabras clave. LowFruits.io facilita la búsqueda de términos con demanda pero con poca competencia. Puedes empezar con un tema amplio, revisar los resultados y seleccionar las palabras clave que se ajusten al público al que quieres llegar.

Una vez que tengas esas palabras clave, utiliza ChatGPT para explorar ideas de artículos que se relacionen con ellas. El objetivo es coincidir con la intención de búsqueda. Si la palabra clave es «mejores aplicaciones para presupuestar», el enfoque adecuado es una publicación comparativa que ayude a los lectores a elegir. Si la palabra clave es «cómo empezar a preparar comidas», el enfoque debe ser una guía clara y paso a paso. La combinación de palabras clave con ideas bien estructuradas te proporciona el marco para un calendario de contenido.

ChatGPT puede generar un esquema basado en la palabra clave y la intención subyacente. Ampliar cada sección hasta convertirla en un artículo completo mantiene la redacción por el buen camino y garantiza que los lectores obtengan lo que buscan.

WordPress es una plataforma fiable para dar formato y programar publicaciones, pero tendrás que diseñar tu sitio web. Existen herramientas que facilitan la creación de tu sitio a partir de una plantilla, pero sitios como Durable, que utilizamos anteriormente para publicar nuestra entrada de blog, también son muy útiles.

Incluir elementos visuales en tus publicaciones también es fundamental para mantener el interés de tus lectores y facilitar la lectura de tu contenido. Puedes diseñar imágenes destacadas, gráficos, infografías o materiales para redes sociales en Canva o Midjourney. Crearlos junto con el borrador garantiza que cada artículo esté listo para publicarse y tenga buen rendimiento al compartirse.

El ciclo es sencillo: empieza con palabras clave, combínalas con ideas, redacta un borrador con IA, añade elementos visuales, publica y realiza un seguimiento de los resultados.

Canales de YouTube sin rostro

Piensa en esos vídeos con listas de «los 10 mejores», explicaciones históricas, tutoriales tecnológicos o cortometrajes narrativos que probablemente hayas visto sin darte cuenta de que no había ningún creador en pantalla. Eso es exactamente lo que es un canal de YouTube sin rostro: un canal en el que nunca apareces ante la cámara. En su lugar, creas vídeos con guiones, voces en off, material de archivo o incluso avatares de IA. Hay numerosas formas de abordar esto, además de los ejemplos anteriores. Incluso podrías dar rienda suelta a tu creatividad con otras herramientas de IA generativa que has aprendido en este libro para producir música relajante generada por IA con imágenes serenas generadas por IA y publicarla en YouTube como música para estudiar.

La ventaja que tiene YouTube sobre los blogs es la velocidad. Una entrada de blog puede tardar varios meses en llegar a la primera página de Google, mientras que un solo vídeo de YouTube que entre en el algoritmo puede obtener miles de visitas en solo unos días.

Los métodos de monetización son similares a los de los blogs. Una vez que tus vídeos empiecen a obtener visitas, puedes añadir enlaces de afiliados a las descripciones o promocionar tus propios productos digitales. Una vez más, ciertos nichos son más fáciles de monetizar que otros, especialmente en el espacio de los canales sin rostro. Cuando tu canal cumpla los requisitos del Programa de socios de YouTube, podrás empezar a generar ingresos publicitarios a partir de las visitas a tus vídeos.

Crear un canal de YouTube anónimo con IA consiste en construir un sistema repetible. Se empieza con la investigación de palabras clave y temas. VidIQ te muestra lo que buscan los espectadores y el nivel de competitividad de cada tema. Una vez identificadas las palabras clave, ChatGPT puede convertirlas en guiones que se ajusten a la intención de búsqueda y mantengan el interés de los espectadores.

Una vez que tienes los guiones, viene la producción. Pictory puede emparejar automáticamente tu guion con vídeos de archivo, imágenes y música de fondo para crear un primer borrador. El problema es que no siempre fluye perfectamente, por lo que es útil dividir el guion en secciones y revisar los clips que selecciona. Cambiar por mejores imágenes cuando sea necesario garantiza que la historia encaje. Descript es el siguiente paso, donde recortas, pules y añades subtítulos para que el vídeo resulte limpio y profesional.

Las miniaturas son fundamentales para conseguir clics. Si no quieres diseñarlas manualmente, herramientas de IA fáciles de usar como Fotor y Hotpot.ai pueden generar miniaturas listas para usar en cuestión de minutos. Te ofrecen diseños llamativos sin mucho esfuerzo. Si prefieres mantener la coherencia de la marca, Canva sigue siendo una opción sólida para crear plantillas reutilizables. TubeBuddy va un paso más allá al permitirte realizar pruebas A/B para que puedas ver qué miniatura obtiene más clics y tomar decisiones basadas en datos.

La última etapa es la optimización. TubeBuddy también ayuda a perfeccionar los títulos, las etiquetas y las descripciones, lo que permite que tus vídeos se posicionen más alto y aparezcan en las recomendaciones.

El flujo de trabajo es sencillo. Investiga con VidIQ, redacta guiones con ChatGPT, monta y perfecciona con Pictory y Descript, genera miniaturas con Fotor o Hotpot.ai y prueba y optimiza con TubeBuddy. Con cada ciclo serás más rápido y la calidad de tu canal mejorará.

Dicho esto, los canales anónimos, los pódcast, los libros y las agendas no son «dinero fácil». Por eso no ves a todo el mundo haciéndolo. Cualquiera puede crear un producto digital. Los libros y otros productos digitales necesitan reseñas. El reto no es crear el contenido, sino perseverar el tiempo suficiente para ver cómo ese contenido genera ingresos. He visto a muchos aspirantes a emprendedores publicar libros en Amazon y luego darse cuenta de que vender su libro es la parte difícil.

La mayoría de los blogs y canales de YouTube solo despegan después de publicar 30, 50 o incluso 100 contenidos. Tu contenido debe estar optimizado tanto para el SEO como para la plataforma en la que lo publicas. Estos modelos de negocio pueden ser de los más gratificantes si estás dispuesto a mantener ese nivel de constancia. Pueden llegar a ser en gran medida pasivos una vez que has construido la máquina y esta funciona sin problemas. Si buscas escalabilidad desde el principio, puedes crear entradas de blog que conviertas en pódcast y vídeos de YouTube.

Creación de contenido para empresas

El contenido es una de las formas más fáciles de convertir la IA en ingresos. Todas las empresas se benefician de los blogs, los boletines informativos, las publicaciones en redes sociales y los vídeos cortos, pero la mayoría de los empresarios no tienen el tiempo ni el interés para publicar de forma constante. Esa brecha crea una oportunidad.

La forma más sencilla de empezar es con un servicio que puedas repetir una y otra vez. Por ejemplo, puedes tomar una entrada de blog y convertirla en actualizaciones de LinkedIn, pies de foto de Instagram y un borrador de newsletter. O puedes tomar un seminario web grabado y dividirlo en cinco vídeos cortos con subtítulos.

Al principio, todo lo que necesitas es una oferta clara y un lugar donde venderla. Plataformas como Fiverr y Upwork funcionan bien, o puedes empezar por ponerte en contacto con personas que ya forman parte de tu red. Una empresa que no tiene tiempo para crear contenido a menudo estará encantada de pagar a alguien para que se encargue de ello.

Una vez que tengas algunos clientes, el siguiente paso es convertir tu servicio en algo más consistente. En lugar de cobrar por una sola entrada de blog, ofrece un paquete mensual: un blog, una newsletter y una docena de publicaciones en redes sociales, todo ello extraído del mismo material original. El cliente obtiene más valor y tú obtienes ingresos recurrentes.

Con el tiempo, esto se convierte en algo más grande. Añades más tipos de contenido. Te expandes a más plataformas. Empiezas a atraer a clientes que quieren que alguien se encargue de toda su presencia en el mercado, no solo de contenidos puntuales. En ese momento, ya no eres un autónomo: diriges una pequeña agencia.

Algunas agencias ganan cinco cifras al mes gestionando el contenido de solo un puñado de clientes. La diferencia entre dónde empezaron y dónde están ahora es simplemente el mismo proceso, a mayor escala. La IA no dirige el negocio por ti, pero elimina suficiente trabajo repetitivo como para que sea posible el escalamiento sin duplicar tus horas de trabajo.

Utiliza Claude o ChatGPT para redactar una descripción sencilla de tu servicio, publícala en Fiverr o Upwork, y ya estás en el negocio. A partir de ahí, se trata de perfeccionar tu flujo de trabajo, demostrar resultados y escalar a paquetes más grandes.

Es fundamental que elijas un modelo de negocio que te interese para que puedas hacer un trabajo que te guste. Si no te gusta la naturaleza detallista de la edición de contenidos largos, probablemente la autoedición no sea lo tuyo. Si no te consideras una persona con buen ojo para el diseño, es probable que crear archivos PDF para pequeñas empresas en Canva no te lleve al éxito a largo plazo. Elegir el modelo de negocio adecuado es tan importante como elegir un nicho que te interese.

En la página siguiente se muestran los principales modelos de negocio de IA que hemos tratado. Utiliza esta tabla para comparar qué herramientas necesitarás y cuánto tiempo suele tardar en empezar a ver resultados.

Plazos y herramientas para negocios impulsados por IA

Modelo de negocio	Conjunto de herramientas o flujo de trabajo	Plazo para alcanzar los primeros 1 000 USD (≈ 930 €) y más allá
Productos digitales	ChatGPT + Canva + Stan Store / Gumroad / Payhip	1 – 3 meses → escalable a 3 000 – 5 000 USD (≈ 2 800 – 4 650 €) +
Autoedición	Claude / ChatGPT + Canva + Vellum + KDP / Lulu + Helium10	3 – 6 meses → 5 000 – 10 000 USD (≈ 4 650 – 9 300 €) + con catálogo
Cursos en línea	ChatGPT + Canva + Descript + Teachable	2 – 4 meses → escalar con más cursos o de mayor tamaño
Podcasting	ChatGPT + ElevenLabs + Descript + Castmagic + Spotify	6 – 12 meses → crece junto con la audiencia
Blogging	LowFruits.io + ChatGPT + Canva / Midjourney + WordPress	6 – 12 meses → 3 000 USD (≈ 2 800 €) + con 50 – 100 publicaciones
YouTube sin rostro	VidIQ + ChatGPT + Pictory + Descript + Fotor / Hotpot.ai + TubeBuddy	6 – 12 meses → escalar con volumen y afiliados
Servicios de contenido	ChatGPT / Claude + Canva + Descript + Fiverr / Upwork	1 – 2 meses → 5 000 – 10 000 USD (≈ 4 650 – 9 300 €) + con clientes

Cómo elegir tu nicho y empezar

Hoy en día, en el entorno digital, prácticamente cualquier nicho puede generar ingresos, pero algunos se adaptan mejor a determinados modelos de negocio que otros. La autoedición suele funcionar mejor en áreas de conocimiento atemporales, como las finanzas personales, la salud o la productividad. Por otro lado, los productos digitales tienen éxito cuando solucionan tareas que se repiten constantemente, como una plantilla de presupuesto mensual para padres primerizos o un calendario de redes sociales para agentes inmobiliarios. Los canales de YouTube sin rostro suelen prosperar en nichos impulsados por la curiosidad, en los que la gente consume sin parar mientras hace scroll, como explicaciones tecnológicas, cortos de historia o datos curiosos. Y si estás creando un curso, los nichos basados en habilidades son los más adecuados: marketing, programación, diseño o incluso algo basado en un pasatiempo, como la panadería con masa madre.

Sin embargo, muchos nichos también se monetizan bien en diferentes modelos de negocio. Por ejemplo, en el ámbito del fitness, podrías empezar con una guía para principiantes sobre entrenamiento de fuerza, luego crear un seguimiento digital de entrenamientos, crear un canal de YouTube que genere ingresos a través de enlaces de afiliados a equipamiento y, finalmente, convertir a esa audiencia en un curso de pago. Las finanzas personales funcionan de la misma manera. Alguien podría empezar con una plantilla para elaborar presupuestos, luego publicar un libro breve sobre hábitos financieros, crear un blog que genere ingresos por afiliación y, más adelante, ampliarlo a un curso completo para principiantes sobre inversión. Podrías crear libros electrónicos con patrones para principiantes, vender guías digitales de costura o plantillas imprimibles, crear un canal de YouTube con tutoriales y explicaciones de proyectos y, finalmente, lanzar una comunidad de miembros donde los entusiastas compartan patrones, consejos y trabajos terminados.

Deberías poder generar fácilmente ideas de monetización para tu modelo de negocio. Si no puedes, tal vez debas considerar un modelo de negocio o un nicho diferente.

Cómo combinar nicho y modelo de negocio para crear tu primer producto

La elección de un nicho y un modelo de negocio van de la mano, y este proceso te ayudará a adaptar tus intereses a un mercado y a un modelo por el que la gente esté dispuesta a pagar.

Paso 1: Empieza por las cosas que te interesan.

Cualquier área en la que tengas experiencia y sientas que puedes ayudar a otros es un buen punto de partida. Piensa en tus aficiones, los sectores en los que has trabajado o los problemas que has resuelto para ti mismo o para otros anteriormente. No es necesario que seas un experto. Solo tienes que estar un paso por delante de tu público objetivo. Este nicho no es algo a lo que tengas que comprometerte para siempre, pero crearás contenido o productos en torno a este tema. Es mucho más probable que te mantengas fiel a él si se trata de un tema que te gusta.

Paso 2: Encuentra ideas de productos por los que tu público esté dispuesto a pagar.

Hoy en día esto es mucho más fácil con la ayuda de la IA generativa. Prueba con un prompt como:

> *Actúa como un analista de investigación de mercado. Identifica 10 problemas por los que* ***[TU PÚBLICO OBJETIVO]*** *estaría dispuesto a pagar para obtener una solución mientras intenta* ***[OBJETIVO]****. Clasifícalos por urgencia y disposición a gastar.*

O, si quieres más contexto sobre la demanda:

> *Eres un estratega de nicho. Para* ***[PÚBLICO]*** *que quiere* ***[OBJETIVO]****, enumera 5 productos o servicios que ya están comprando. Para cada uno, explica qué les gusta, qué les falta y cómo una nueva oferta podría llenar ese vacío.*

Paso 3: Busca ángulos desatendidos.

No querrás nadar en un mercado saturado. Pídele a la IA que destaque los micronichos o las lagunas del mercado:

> *Eres un estratega de nicho. Enumera 5 micronichos desatendidos en el*

ámbito de ***[SECTOR]*** *adecuados para* ***[TIPO DE PRODUCTO]****.* *Incluye las características del público y los principales tipos de productos.*

Por ejemplo: *Enumera 5 micronichos desatendidos en el ámbito de las finanzas personales adecuados para productos digitales.*

Paso 4: Valida antes de crear.

La IA puede sugerir problemas, pero son los compradores quienes los confirman. Haz una encuesta en un grupo de Facebook, habla con un par de personas del nicho o comprueba qué se vende en Amazon, Etsy o YouTube. Si ves que la gente paga por soluciones similares, vas por buen camino.

Paso 5: Elige una idea y ponla en práctica.

No te quedes estancado tratando de elegir el nicho perfecto. Elige uno que parezca prometedor, crea algo sencillo y lánzate.

Una vez que hayas elegido un modelo de negocio y un nicho, puedes crear tu primer producto.

Cómo podría ser el escalamiento de un negocio impulsado por la IA

Supongamos que decides empezar con un canal de YouTube anónimo en un nicho que te gusta. La IA te ayudará a escribir guiones, grabar voces en off y editar clips cortos que estarán listos para publicar varias veces a la semana. Al principio, el objetivo es ganar tracción publicando con constancia según un calendario, para que el canal despegue y empieces a crear una audiencia.

La primera capa de monetización suele ser la publicidad y los enlaces de afiliados. Puedes promocionar algunas herramientas, aplicaciones, libros o servicios que se ajusten a tu nicho. Si la gente hace clic en tu enlace de afiliado único y compra un producto, tú ganas una pequeña comisión. No te dará para pagar las facturas de inmediato. Probablemente, al principio obtendrás pequeñas comisiones que pueden parecer insignificantes y hacerte dudar de si vale la pena. Pero a medida que tu audiencia crezca, eso puede convertirse rápidamente en 100 €, luego en 1 000 € y después en mucho más.

Lo siguiente que querrás hacer es construir una relación más profunda con tu audiencia. Puedes crear una guía o un recurso gratuito para captar suscriptores y luego ofrecerlo a tus seguidores a cambio de su dirección de correo electrónico. Ahora ya no dependes de ninguna plataforma o algoritmo para hacer crecer tu negocio. Puedes llegar directamente a tu audiencia. Aquí es donde puedes generar confianza y establecer una buena relación, y también es de donde vendrán las ventas futuras.

Con una lista de correo electrónico y un canal en crecimiento, estás listo para lanzar tu primer producto. Un producto digital sencillo, como un paquete de plantillas, un libro de ejercicios o un minicurso, ofrece a tu público algo valioso que comprarte directamente. Las ventas comenzarán lentamente, pero aumentarán a medida que tu público siga creciendo y tú mejores el producto.

A partir de ahí, el crecimiento se vuelve un proceso gradual. Amplía tu línea de productos, introduce artículos de mayor precio o incluso agrupa tus ofertas. Crea un sitio web que funcione como punto central, donde la gente pueda descubrir tu trabajo fuera de YouTube. Y como la IA te ayuda a generar contenido, perfeccionar productos y automatizar procesos, puedes gestionar un mayor crecimiento sin reducir el trabajo continuo.

Así es como los pequeños comienzos, como publicar vídeos en YouTube con la ayuda de la IA, pueden evolucionar hasta convertirse en un negocio en toda regla. Prepárate para dedicar entre 6 y 12 meses de esfuerzo constante y centrado antes de establecer sistemas que operen con fluidez. Solo recuerda que la IA acelera tu capacidad para construir, crear y crecer, pero no elimina el trabajo. Si eres de los que buscan la gratificación instantánea en forma de dinero, deberías comprar un billete de lotería. Puede que crear una empresa no sea lo tuyo.

Una última cosa

Oye, lo entiendo. Poner una página al final de un libro pidiendo reseñas puede parecer desesperado. Yo también me doy de baja de las empresas que me piden constantemente algo.

Pero, como propietaria de una pequeña empresa, las reseñas impulsan las ventas. Las ventas mantienen las luces encendidas. Y eso significa que puedo mantener mi ordenador portátil cargado para poder escribir más libros prácticos sobre IA que (con suerte) le ahorren tiempo y frustraciones.

Así que, si este libro te ha resultado útil, o si tienes ideas sobre cómo puedo mejorar el próximo, te agradecería mucho que dedicaras un minuto a dejar una reseña en Amazon.

Y si no, no te preocupes. Solo espero que hayas disfrutado del libro.

Escanea el código QR a continuación para dejar una reseña.

Con gratitud,

Lauren @ ModernMind Publications

Conclusión

Piensa en cómo empezamos este libro.

¿Y si pudieras escribir el contenido de una semana en menos de 30 minutos y disfrutar realmente del proceso? ¿Y si pudieras hacer en un día el trabajo que antes te llevaba cinco?

Ahora ya sabes cómo lograrlo. Lo has hecho. Si has seguido los ejercicios de este libro, has creado un blog que podría convertirse en un recurso valioso para tu vida o tu negocio si decides seguir desarrollándolo.

Incluso si no quieres mantener un blog, has tomado una idea, la has perfeccionado en distintos formatos y, finalmente, has producido un producto terminado. Así es exactamente como se crea aquello que deseas con la IA. Se empieza con una idea y luego se aplica con las habilidades propias para darle vida.

Algunas de las cosas que hicimos fueron simplificadas intencionadamente. Cuando reutilizamos una entrada de blog para convertirla en vídeo y pódcast, no reescribimos los guiones desde cero. No empezamos de nuevo para optimizar cada versión para su plataforma. Si se tratara de una estrategia de contenido real para tu negocio o tu marca personal, probablemente harías más:

recortarías ciertas secciones, cambiarías la forma en que se abre, reelaborarías el tono o harías ediciones para adaptarlo mejor a la audiencia y al formato.

Pero esa no era la cuestión. El objetivo de esos ejercicios no era perfeccionar cada pieza de contenido. Era darte experiencia práctica en el pensamiento y la creación con herramientas de IA, para que pudieras entender cómo funcionan y cómo usarlas en tus propios flujos de trabajo.

Este libro no se ha escrito para ofrecerte atajos de copiar y pegar. Su objetivo era ayudarte a desarrollar habilidades valiosas. Has aprendido a pensar en sistemas. Has aprendido a guiar a la IA con instrucciones claras. Y has aprendido a evaluar y mejorar lo que obtienes a cambio.

Si eres propietario de un negocio o un aspirante a emprendedor, ahora sabes cómo empezar a utilizar la IA en tus flujos de trabajo existentes o crear algo completamente nuevo desde cero. Has visto cómo las ideas pueden convertirse en resultados útiles. Y has visto lo rápido que se mueven las cosas cuando las herramientas están bien configuradas.

Lo que hagas con eso ya depende de ti. Pero ya has hecho más de lo que la mayoría de la gente hará jamás.

Y si solo has leído el libro sin probar ninguna de las herramientas, es probable que no estés mucho más cerca de alcanzar el objetivo que te llevó a elegir este libro. Te recomiendo de verdad que vuelvas atrás y hagas el trabajo.

No necesitas salir a comprar otro libro con la esperanza de encontrar en él una información mágica que te facilite la incorporación de la IA a tu vida o a tu negocio. Ya tienes las habilidades básicas. Tu siguiente paso es practicar las habilidades que has aprendido en este libro y desarrollar una mentalidad orientada a la IA. Eso significa abordar cada nueva tarea, problema o proyecto con:

- ¿Dónde encaja la IA aquí?
- ¿Qué puede esbozar o estructurar para mí?
- ¿Qué partes aún necesito perfeccionar?
- ¿Cómo utilizo las herramientas para ser más rápido sin descuidar la calidad?

La IA no transformará lo que haces si solo memorizas prompts o copias flujos de trabajo. Te llevará hasta cierto punto, pero luego te frustrarás al volver a sentirte bloqueado. Si bien la IA puede ofrecer algunos atajos que ahorran tiempo, no hay atajos para aprender estas habilidades. Los sistemas automatizados requieren tiempo para construirse, probarse y perfeccionarse.

Así que haz el trabajo difícil, y empieza ahora. No esperes a que la IA se convierta en algo que te veas obligado a aprender. Elige algo que quieras crear y descubre cómo construirlo. Vuelve a este libro cuando necesites revisar los flujos de trabajo o las herramientas.

Aún estás a tiempo de ir un paso por delante. La mayoría de la gente o bien teme a las herramientas o bien no sabe por dónde empezar. Quienes estén aprendiendo, construyendo, probando herramientas y creando sistemas activamente tendrán una gran ventaja. No serán quienes entren en pánico más adelante, preguntándose qué significa la IA conversacional cuando ya sea parte de lo normal.

Esa oportunidad no durará para siempre. Tan pronto como el uso de la IA se vuelva habitual, la competencia será más dura. Especialmente en el mundo online. La barrera de entrada seguirá bajando, mientras que el listón para destacar seguirá subiendo.

Para entonces, no se tratará solo de saber cómo utilizar la IA. Se tratará de tener ya sistemas que funcionen. Al elegir este libro, te has dado una posición de ventaja.

No te quedes corto abandonando ahora. Ya has hecho el incómodo trabajo de empezar. Ve a construir algo. Ponlo en práctica y luego mejora tus prompts o busca mejores herramientas que lo perfeccionen. Date el espacio y la libertad de no dominarlo todavía. No se aprende de golpe, pero se aprende. Y cuando lo hagas, entrarás en un ciclo que cada vez fluirá mejor y te dará mejores resultados con menos esfuerzo. Ahí es cuando trabajar con IA se vuelve divertido y emocionante.

No vas retrasado. Vas adelantado. Yo empecé donde tú estás ahora. Seguir adelante, a pesar de los retos y la frustración, lo cambió todo para mí. También puede cambiarlo para ti.

Una nota rápida

Creemos en la transparencia. Sí, la IA nos ha ayudado a escribir este libro. Pero también hemos dedicado más de 100 horas de trabajo a verificar los datos y examinar cada línea de cada página.

Eso significa eliminar las repeticiones, las vaguedades y esos extraños y desalmados «AI-ismos» como «en el panorama de la IA en constante evolución» que te hacen perder el interés. Aquí no encontrarás a Sarah, la propietaria de la panadería de Portland (entenderás esta broma si has leído mucho contenido generado por IA).

Tampoco creemos en aburrirte con largos capítulos teóricos sobre «ética» o «errores comunes» añadidos al final del libro. Esos temas son importantes, pero los entretejemos de forma natural donde son más relevantes... porque así es como realmente se aprende algo útil.

Lo que queda es contenido práctico que cumple las promesas del libro. Además, nuestra propia experiencia como profesionales técnicos está presente en todo el libro. Hemos pasado años descubriendo cómo *utilizar* estas herramientas de forma eficaz y ahora queremos mostrarte cómo aplicarlas a tus propios objetivos, sean cuales sean. Cada página tiene su razón de ser. Si no te ayuda, no tiene cabida aquí.

No se trata de engañarte para que compres un libro sobre IA a medias para que podamos «hacernos ricos rápidamente». Eso no funciona de todos modos. Se trata de utilizar las nuevas herramientas de forma responsable para compartir lo que sabemos, alcanzar nuestros objetivos y, con suerte, ayudarte a alcanzar los tuyos también.

Fuentes

- 10Web. «Reseña y alternativas del creador de sitios web Durable AI». 2024. https://10web.io/blog/durable-ai-website-builder/

- AIPRM. «Más de 100 estadísticas sobre ChatGPT para 2024». https://www.aiprm.com/chatgpt/statistics

- Ambassador. «Cómo procesan las indicaciones los modelos de lenguaje grande (LLM): un análisis en profundidad». 2025. https://www.getambassador.io/blog/prompt-engineering-for-llms

- ARDEM. «La automatización de procesos empresariales impulsada por la IA reduce los costes operativos entre un 20 % y un 30 %». 2025. https://ardem.com/bpo/ai-driven-business-process-automation-path-to-cost-savings-2025

- Argoid. «Cómo utiliza Netflix la inteligencia artificial». 2024. https://www.argoid.ai/blog/netflix-ai

- Arize AI. «Optimización rápida mediante indicaciones de pocos disparos». 2025. https://arize.com/blog/prompt-optimization-few-shot-prompting

- arXiv (Hu et al.). «La influencia de la variación del texto en la participación de los usuarios en el intercambio de contenidos entre plataformas». 2025. https://arxiv.org/abs/2505.03769

• arXiv (Rama et al.). «A Large Scale Study of Reader Interactions with Images on Wikipedia» (Estudio a gran escala de las interacciones de los lectores con imágenes en Wikipedia). 2021. https://arxiv.org/abs/2112.01868

• arXiv. «Cadenas de IA: interacción transparente y controlable entre humanos e IA mediante el encadenamiento de Prompts de IA». 2021. https://arxiv.org/abs/2110.01691

• arXiv. «Royalties de IA: un marco de propiedad intelectual para compensar a los artistas». 2024. https://arxiv.org/abs/2406.11857

• arXiv. «Automatización de procesos E2E con IA generativa y procesamiento inteligente de documentos». 2025. https://arxiv.org/abs/2505.20733

• arXiv. «IA generativa y derechos de autor: una perspectiva dinámica». 2024. https://arxiv.org/abs/2402.17801

• arXiv. «Narrativa impulsada por IA generativa: una nueva era para el marketing». 2023. https://arxiv.org/abs/2309.09048

• arXiv. «MM-REACT: incitando a ChatGPT al razonamiento y la acción multimodales». 2023. https://arxiv.org/abs/2303.11381

• arXiv. «Transformación empresarial con IA generativa: investigación, innovación». 2024. https://arxiv.org/abs/2411.14437

• Axios. «La semana laboral de cuatro días recibe un nuevo impulso: la IA». 29 de junio de 2025. https://www.axios.com/2025/06/29/ai-productivity-four-day-work-week

• Backlinko. «Cómo utilizar la IA para escribir contenido excepcional (7 Mejores prácticas)». 2024. https://backlinko.com/ai-for-writing

• Blood in the Machine. «No gracias a la generación de libros mediante IA». 2024. https://www.bloodinthemachine.com/p/no-thanks-to-generative-ai

• Brafton. «Reseña de ElevenLabs: lo que los creadores de contenido deben saber». 2024. https://www.brafton.com/blog/ai/elevenlabs-review/

• Business Insider. «Dejé las grandes tecnológicas para montar mi propio negocio. Estas son las 5 herramientas de IA que me ahorran hasta 15 horas a la semana». 2025. https://www.businessinsider.com/ai-tools-save-15-hours-week-big-tech-founder-2025-6

• Business Insider. «Mi empresa utiliza una semana laboral de cuatro días y eso nos ha hecho más eficientes. Aquí hay tres formas en las que la IA nos ayuda». 2025. https://www.businessinsider.com/4-day-workweek-ai-tools-efficiency-2025-4

• Business of Apps. «ChatGPT ha batido el récord como la aplicación más rápida en alcanzar los 100 millones de usuarios activos, logrando ese hito en dos meses». 2025. https://www.businessofapps.com/data/chatgpt-statistics/#:~:text=ChatGPT%20reached%20100%20million%20users,by%20the%20start%20of%202025

• Business Wire. «Pictory presenta uno de los primeros servidores MCP de vídeo con IA del mundo». 24 de junio de 2025. https://www.businesswire.com/news/home/20250624026119/en/Pictory-Introduces-One-of-the-Worlds-First-AI-Video-MCP-Servers

• Blog de CampaignHQ. «10 herramientas de productividad con IA imprescindibles para 2025». 2025. https://blog.campaignhq.co/ai-productivity-tools/

• Canva. «Descripción general del generador de imágenes con IA». 2024. https://www.canva.com/features/ai-image-generator

• ChurnZero. «ChurnZero: software de éxito del cliente para el crecimiento de la clientela». 2025. https://churnzero.com/ ChurnZero

• ClickUp. «Motion vs Reclaim & ClickUp: comparación de programadores de IA». https://clickup.com/blog/motion-vs-clickup

• Blog de Confluent. «Chopped: Edición IA – Creación de un planificador de comidas». 2025. https://www.confluent.io/blog/ai-meal-planner/

• Convin.ai. *«Agente de IA para ventas»*. 2024. https://convin.ai/blog/ai-agent-for-sales

• CyberNews. «Reseña de Durable AI Builder: ventajas y casos de uso». 2024. https://cybernews.com/best-website-builders/durable-ai-website-builder-review/

• DDevi. «Automatización de la creación, el envío y el seguimiento de facturas con IA». 2025. https://ddevi.com/blog/ai-invoice-processing-automating-creation-and-sending-in-2025

• Durable. «Creador de sitios web con IA». 2024. https://durable.co/ai-website-builder

• ElevenLabs. «Explorando el futuro: ¿reemplazará la IA a los actores de doblaje?». 2023. https://elevenlabs.io/blog/will-ai-replace-voice-actors

• ElevenLabs. «¿Cuánto ganan los actores de doblaje?». 27 de marzo de 2024. https://elevenlabs.io/blog/how-much-do-voice-actors-make

• ElevenLabs. «Precios para creadores y empresas». 2025. https://elevenlabs.io/pricing

• Elm Club (Creative Bloq). «Netflix vuelve a ser objeto de críticas por su dudoso arte generado por IA». 5 de enero de 2025. https://www.creativebloq.com/ai/ai-art/netflix-gets-roasted-over-dodgy-ai-art-again

• Email In Detail. «La evolución de los filtros de spam y su papel en la seguridad del correo electrónico». 2024. https://emailindetail.com/blog/the-evolution-of-spam-filters-and-their-role-in-email-security

• Consejo Europeo de Escritores. «Efectos de la IA en las nuevas propuestas de valor en la innovación de modelos de negocio». 2025. https://www.sciencedirect.com/science/article/pii/S0166497225000239

• EverAfter. «Plataforma digital de éxito del cliente impulsada por IA | EverAfter». 2025. https://www.everafter.ai/ everafter.ai

• Exploding Topics. «50 NUEVAS estadísticas sobre inteligencia artificial (junio de 2025)». 2025. https://explodingtopics.com/blog/ai-statistics

• Exploding Topics. «Número de usuarios de ChatGPT (junio de 2025)». 2025. https://explodingtopics.com/blog/chatgpt-users

• FastPix. «Cómo optimizar las miniaturas de vídeo con IA y API para mejorar la interacción». 25 de marzo de 2025. https://www.fastpix.io/blog/how-to-optimize-video-thumbnails-with-ai-and-apis-for-better-engagement

• Fintech News. «IA generativa: descubre nuevas fuentes de ingresos para tu negocio». 2024. https://www.fintechnews.org/generative-ai-unlocking-new-revenue-streams-for-your-business

• Blog FlowHunt. «Cree su propio planificador de comidas con IA». 2025. https://www.flowhunt.io/blog/ai-meal-prep-planner/

• FT. «La dependencia excesiva de las herramientas de IA en el trabajo puede perjudicar la salud mental». 2025. https://www.ft.com/content/af77d93b-facc-41e6-a4bf-36ddbc9ab557

• Gong, Junmin et al. «ACE-Step: un paso hacia el modelo básico de generación musical». *arXiv*, 28 de mayo de 2025. https://arxiv.org/abs/2506.00045

• Gravitate Design. «Optimización de la legibilidad de la IA: la clave para el tráfico de búsqueda de la IA». 2024. https://www.gravitatedesign.com/blog/ai-readability-optimization

• Harvard Business Review. «¿Cómo aprovecha su equipo el tiempo que ahorra gracias a la IA generativa?». Marzo-abril de 2025. https://hbr.org/2025/03/how-is-your-team-spending-the-time-saved-by-gen-ai

• HeyGen. «Crea vídeos con avatares de IA a partir de texto». 2024. https://www.heygen.com/

• Blog HIIG Digital Society. «Las consecuencias imprevistas de escribir tus correos electrónicos con IA». Abril de 2025. https://www.hiig.de/en/unintended-consequences-of-ai-written-emails/

• HubSpot. «Cómo utilizar ChatGPT para crear texto publicitario». 2023. https://www.hubspot.com/blog/marketing/how-to-use-chatgpt

• Instabase. «Instabase». 2025. https://instabase.com/ instabase.com

• IntoTheMinds. «En LinkedIn, las publicaciones controvertidas obtienen 10 veces más visitas y «Me gusta». 10 de febrero de 2025. https://www.intotheminds.com/blog/en/linkedin-controversial-posts/

• ITIF (Banco de la Reserva Federal de St. Louis). «Dato de la semana: el 20,5 % de los usuarios habituales de IA generativa afirman ahorrar cuatro o más horas semanales en el trabajo». Mayo de 2025. https://itif.org/publications/2025/05/09/frequent-generative-ai-users-report-saving-hours-weekly-at-work/

• Kane Simms (LinkedIn). «Así es como Netflix utiliza la IA para crear miniaturas...». 2023. https://www.linkedin.com/posts/kanesimms_ai-netflix-designers-activity-7110155661602078720-HXIw

• LearnAI.IM. «3 Prompt Mastery – Experiment and Iterate» (Dominio de las indicaciones: experimentar e iterar). 2025. https://learnai.im/courses/prompt-mastery-understanding-ai-prompts-and-how-and-when-to-use-custom-instructions-getting-organised-in-chatgpt-and-claude-and-clever-hyperlinks/lessons/3-prompt-mastery-experiment-and-iterate-5-mins/

• Lifewire. «¿Qué es la IA generativa?». 2023. https://www.lifewire.com/what-is-generative-ai-7510795

• Artículo de LinkedIn. «¿Cómo aprovecha tu equipo el tiempo que ahorra gracias a la IA generativa?». 2025. https://www.linkedin.com/pulse/how-your-team-spending-time-saved-gen-ai-william-zhang-zzszc

• Equipo de Lyria et al. «Live Music Models». *arXiv*, 6 de agosto de 2025. https://arxiv.org/abs/2508.04651

• Magai. «Pasos del proceso de escritura de ChatGPT para obtener resultados 10 veces mejores». 2024. https://magai.co/chatgpt-writing-process-steps

• McKinsey & Company. «Superagencia en el lugar de trabajo: empoderar a las personas para liberar todo el potencial de la IA». Enero de 2025. https://www.mckinsey.com/capabilities/mckinsey-digital/our-insights/superagency-in-the-workplace-empowering-people-to-unlock-ais-full-potential-at-work

• McKinsey & Company. «¿Qué es la IA generativa?». 2024. https://www.mckinsey.com/featured-insights/mckinsey-explainers/what-is-generative-ai

• Medium (Arbaaz Kan). «Técnicas clave en la ingeniería de Prompts: refinamiento iterativo». 2024. https://medium.com/@arbaazkan96/key-techniques-in-prompt-engineering-iterative-refinement-a835f305af57

• Medium. «La IA en la cocina: mi viaje hacia la creación de un asistente inteligente para comidas, parte II». 15 de mayo de 2025. https://medium.com/@dgitalizeme/mealestroai-smart-meal-planner-7e4c8ff5a93c

• Medium. «Cómo integra la IA The New York Times: una revisión reflexiva». 2024. https://medium.com/@Ernest_Bowes/how-the-new-york-times-integrates-a-i-a-thoughtful-review-af5bac06afed

• Metricool. «Grok explicado: ¿Qué puede hacer el nuevo chatbot con IA de X?». 2025. https://metricool.com/grok-ai/

• Índice de tendencias laborales de Microsoft. «La IA en el trabajo ya está aquí. Ahora viene lo difícil». 2023. https://www.microsoft.com/en-us/worklab/work-trend-index/ai-at-work-is-here-now-comes-the-hard-part

MidJourney. «Generación de imágenes basada en prompts impulsada por IA». 2024. https://www.midjourney.com/home/

• MIT News. «Explicación: IA generativa». 2023. https://news.mit.edu/2023/explained-generative-ai-1109

MIT Sloan. «Prompts eficaces para la IA: lo esencial». 2025. https://mitsloanedtech.mit.edu/ai/basics/effective-prompts

• Motion. «Planificación de proyectos con IA: dependencias, plazos y reprogramación automática». https://www.usemotion.com/blog/ai-project-scheduling

• Motion. «Probamos más de 50 herramientas de productividad con IA. Estas son las 16 mejores». 2025. https://www.usemotion.com/blog/ai-productivity-tools

• Nerdynav. «Más de 107 estadísticas y cifras de usuarios de ChatGPT (junio de 2025)». 2025. https://nerdynav.com/chatgpt-statistics

• NetSuite. «Aprovechar la IA para el procesamiento de facturas: automatización integral». 2024. https://www.netsuite.com/portal/resource/articles/accounting/ai-invoice-processing.shtml

• Next Insurance. «Las herramientas de contabilidad y nóminas basadas en IA ahorran tiempo y reducen los errores». https://www.nextinsurance.com/blog/ai-for-small-business

• NextDC. «Navegando por el panorama de la IA: IA tradicional frente a IA generativa». 2023. https://www.nextdc.com/blog/how-to-navigate-generative-ai

• NNG (Nielsen Norman Group). «La IA mejora la productividad de los empleados en un 66 %». 16 de julio de 2023. https://www.nngroup.com/articles/ai-tools-productivity-gains/

• NPR. «Grok, el bot de IA de Elon Musk, elogió a Hitler y produjo contenido antisemita». 9 de julio de 2025. https://www.npr.org/2025/07/09/nx-s1-5462609/grok-elon-musk-antisemitic-racist-content

• Comunidad OpenAI. «ChatGPT4 ahora con 50 mensajes cada 3 horas». 2023. https://community.openai.com/t/chatgpt4-now-with-50-messages-every-3-hours/304697

• Comunidad OpenAI. «Límites de interacción para ChatGPT-4». 2024. https://community.openai.com/t/interaction-limits-for-chatgpt-4/1090938

• Originality.AI. «Ocho ocasiones en las que las alucinaciones de la IA o los errores fácticos causaron graves problemas». 2023. https://originality.ai/blog/ai-hallucination-factual-error-problems

• Parseur. «Procesamiento de facturas con IA: ahorro del 30-50 % en operaciones de cuentas por pagar». https://parseur.com/use-case/ai-invoice-processing

• Patsnap Eureka. «Las mejores herramientas de productividad de IA para 2025». 2025. https://eureka.patsnap.com/blog/ai-productivity-tools-2025/

• Perplexity AI. «Introducción a Perplexity». 2024. https://www.perplexity.ai/hub/blog/getting-started-with-perplexity

• Perplexity Reinvented. «Citas avanzadas de IA que generan confianza». 2024. https://snrspeaks.medium.com/perplexity-reinvented-advanced-ai-citations-that-build-trust-32c2e2dd9cc0

• Persana.ai. *«Estudios de casos de agentes de ventas de IA»*. 2024. https://persana.ai/blogs/ai-sales-agent-case-studies

• Pew Research Center. «Mejoras por venir: cómo los seres humanos y la IA podrían evolucionar juntos en la próxima década». 2018. https://www.pewresearch.org/internet/2018/12/10/improvements-ahead-how-humans-and-ai-might-evolve-together-in-the-next-decade/

• ProfileTree. «Ingeniería de Prompts en 2025: tendencias y mejores prácticas». 2025. https://profiletree.com/prompt-engineering-in-2025-trends-best-practices-profiletrees-expertise/

• PubSpot. «IA generativa y publicación». 2023. https://pubspot.ibpa-online.org/article/generative-ai-and-publishing

• Ramp. «Procesamiento de facturas basado en IA para cuentas por pagar». 2025. https://ramp.com/blog/ai-invoice-processing

• ReadySpace Academy. «ChatGPT vs Perplexity: duelo entre modelos lingüísticos de IA». 2025. https://readyspace.academy/chatgpt-vs-perplexity/

• RecoSense Labs. «Cómo utiliza Netflix la IA y el aprendizaje automático para determinar qué miniaturas utilizar». 2021. https://www.recosenselabs.com/blog/how-netflix-uses-ai-and-ml-to-determine-which-thumbnails-they-use

• Usuario de Reddit. «Entender el límite de 40 mensajes en 3 horas en ChatGPT». 2023. https://community.openai.com/t/understanding-the-40-messages-in-3-hours-limit-on-chatgpt/563128

• Reuters. «ChatGPT establece un récord por ser la base de usuarios de más rápido crecimiento». 2023. https://www.reuters.com/technology/chatgpt-sets-record-fastest-growing-user-base-analyst-note-2023-02-01/

• Rippling. «Las mejores herramientas de IA para la automatización del workflow de las pequeñas empresas». https://www.rippling.com/blog/ai-tools-for-small-businesses

• ScienceDirect. «Cuando la inteligencia artificial generativa se une a la composición multimodal». 2024. https://www.sciencedirect.com/science/article/pii/S8755461524000598

• Spines. «IA para escribir y editar: transformando el mundo editorial». 2024. https://spines.com/ai-for-writing-and-editing

• Spotify y The Verge. «Spotify facilita el lanzamiento de audiolibros narrados por IA». 20 de febrero de 2025. https://www.theverge.com/news/616355/spotify-audiobooks-elevenlabs-ai-narration

• Sulbha Jain. «De la ingeniería de Prompts a la creación de Prompts con 3Cs».

2025. https://medium.com/@sulbha.jindal/from-prompt-engineering-to-prompt-crafting-with-3cs-c425ac932204

• SuperAGI. *«Cómo los agentes de ventas de IA están revolucionando la generación y calificación de clientes potenciales en 2025: una guía para principiantes».* 2025. https://superagi.com/how-ai-sales-agents-are-revolutionizing-lead-generation-and-qualification-in-2025-a-beginners-guide/

• Blog Superhuman. «Las 12 mejores herramientas de software de productividad con IA en 2025». 2025. https://blog.superhuman.com/ai-productivity-software/

• Blog Superhuman. «Las 17 mejores herramientas de productividad con IA en 2025: probadas y revisadas». 2025. https://blog.superhuman.com/best-ai-tools-for-productivity/

• Blog Superhuman. «Cómo un redactor de correo electrónico con IA puede ahorrarle fácilmente 4 horas a la semana». 2025. https://blog.superhuman.com/email-ai-writer-2/

• Tech.co. «Estudio: la IA está creando más tareas para los trabajadores». 2025. https://tech.co/news/study-workplace-ai-limited-benefits-workers

• TechCrunch. «ChatGPT: todo lo que necesitas saber sobre el chatbot con IA». 2025. https://techcrunch.com/2025/06/20/chatgpt-everything-to-know-about-the-ai-chatbot

• TechRadar. «El uso de la IA por parte de los trabajadores se está disparando, y realmente está cumpliendo todo lo que prometía». 2025. https://www.techradar.com/pro/ai-usage-for-workers-is-skyrocketing-and-its-actually-doing-everything-it-promised

• TechRadar. «Cómo utilizo la IA para ayudar a mi TDAH: 5 herramientas que te ayudarán a mantener el control de tu vida y 1 error que debes evitar». 2025. https://www.techradar.com/computing/artificial-intelligence/how-i-use-ai-to-help-my-adhd-5-tools-that-will-help-you-keep-on-top-of-life-and-1-mistake-to-watch-out-for

• Tekrevol. «IA multimodal: cómo funciona, casos de uso y ejemplos». 2024. https://www.tekrevol.com/blogs/multimodal-ai-how-it-works-use-cases-examples/

• The Australian. «Notion para combatir la sobrecarga tecnológica y liberar la productividad». 2025. https://www.theaustralian.com.au/business/...notion-to-fight-tech-bloat

• The Business Dive. «Motion vs Notion: por qué utilizo AMBOS (2025)». 2025. https://thebusinessdive.com/motion-vs-notion

The Guardian. «Ingeniería de Prompts de IA: aprende a no hacer preguntas tontas a un chatbot». 2023. https://www.theguardian.com/technology/2023/jul/29/ai-prompt-engineering-chatbot-questions-art-writing-dalle-midjourney-chatgpt-bard

• The Guardian. «ChatGPT alcanza los 100 millones de usuarios dos meses después de su lanzamiento». 2023. https://www.theguardian.com/technology/2023/feb/02/chatgpt-100-million-users-open-ai-fastest-growing-app

• The Sun. *«Gané más de 22 000 dólares en los primeros 15 días de este año con mi negocio digital paralelo: solo necesitas tres aplicaciones»*. 13 de octubre de 2024. https://www.the-sun.com/money/12648231/side-hustle-canva-chatgpt-stan-store-digital-products

• The Sun. *«Dejé mi trabajo de 9 a 5 y ahora gano 5 000 dólares a la semana con mi ingreso extra para principiantes, que incluso te permite ganar dinero mientras duermes»*. 24 de septiembre de 2024. https://www.the-sun.com/money/12526297/side-hustle-digital-products-selling-easy

• Thomson Reuters. «La IA ahorrará a los profesionales 12 horas a la semana para 2029». 2024. https://www.newswire.ca/news-releases/ai-set-to-save-professionals-12-hours-per-week-by-2029-804917365.html

Tom's Guide. «Me dedico a escribir sobre IA: estos son mis 5 mejores consejos para Prompts de ChatGPT». 2025. https://www.tomsguide.com/ai/chatgpt/i-write-about-ai-for-a-living-heres-my-top-5-chatgpt-prompt-tips

• Tom's Guide. «No todo es ChatGPT: estas son las 5 herramientas de IA que utilizo a diario». 17 de mayo de 2025. https://www.tomsguide.com/ai/its-not-all-chatgpt-these-are-the-five-ai-tools-i-use-the-most

• TypingMind. «El nuevo límite de mensajes de GPT-4o». 2025. https://writingmate.ai/blog/gpt-limit-solutions

• Valantic. *«Agente de ventas de IA: cómo empezar»*. 2024. https://www.valantic.com/en/blog/ai-sales-agent-how-to-start/

• Vox. «Argumentos a favor de usar tu cerebro, incluso si la IA puede pensar por ti». 2025. https://www.vox.com/future-perfect/403100/ai-brain-effects-technology-phones

• Wired. «Probé estas herramientas de productividad basadas en IA. Esto es lo que pasó». 2024. https://www.wired.com/story/6-ai-based-productivity-tools-tested

• YACHT. *Chain Tripping* (2019). Revista Smithsonian, citada anteriormente; blog Magenta (Google); Wikipedia.

Zack Saadioui. «Iterating for Improvement: The Necessity of Prompt Engineering in AI» (Iteración para la mejora: la necesidad de la ingeniería de Prompts en la IA). 2025. https://www.arsturn.com/blog/iterating-for-improvement-the-necessity-of-prompt-engineering-in-ai

• Zapier. «Cómo reutilizar el contenido de IA para servicios, secuencias de correo electrónico y más». 2024. https://zapier.com/blog/ai-content-repurposing

• Zapier. «Probamos más de 50 herramientas de productividad de IA. Estas son las 16 mejores herramientas de productividad de IA». 2025. https://zapier.com/blog/best-ai-productivity-tools/

Made in the USA
Monee, IL
04 November 2026

67382582R00098